André Aleman

wenn das Gehirn älter wird

André Aleman

Wenn das Gehirn älter wird

Was uns ängstigt · Was wir wissen · Was wir tun können

Aus dem Niederländischen von
Bärbel Jänicke und Marlene Müller-Haas

Verlag C.H.Beck

Titel der niederländischen Originalausgabe: Het seniorenbrein.
De ontwikkeling van onze hersenen na ons vijftigste
© 2012 André Aleman
Zuerst erschienen 2012 bei Uitgeverij Atlas Contact, Amsterdam/Antwerpen

Mit 20 Abbildungen

Die Übersetzung dieses Buches wurde von der
niederländischen Stiftung für Literatur gefördert.

Nederlands letterenfonds
dutch foundation
for literature

Für die deutsche Ausgabe:
© Verlag C.H.Beck oHG, München 2013
Satz: Fotosatz Amann, Aichstetten
Druck und Bindung: GGP Media GmbH, Pößneck
Umschlaggestaltung: Anzinger | Wüschner | Rasp, München
Gedruckt auf säurefreiem, alterungsbeständigem Papier
(hergestellt aus chlorfrei gebleichtem Zellstoff)
Printed in Germany
ISBN 978 3 406 65325 4

www.beck.de

Inhalt

Vorwort 9

1 «Alles geht so schnell»
Wie sich unsere mentalen Fähigkeiten verändern 13

Vorurteile 14
Ein virtuoser Pianist 18
Verbales und visuelles Gedächtnis 24
Arbeitsgedächtnis 27
Flexibles Denken 31
Denkgeschwindigkeit 36
Reserven 44

2 Ein ruhiges Gemüt
Warum ältere Menschen emotional stabiler sind 47

Veränderungen der Persönlichkeit 49
Leben im Hier und Jetzt 51
Die Bedeutung von Gefühlen 53
Das ältere Gehirn und Gefühle 55
Ein düsterer Lebensabend 59
Soziale Bindungen 63

3 Graue Zellen
Die Anatomie des Seniorengehirns 68

Das Altern von Körperzellen 72
Ein 115 Jahre altes Gehirn 75
Veränderungen des Gehirns beim Älterwerden 77
Weniger Wachstum von Hirnzellen 82
Das PASA-Muster 84
Ein aufgeräumtes Gehirn 88

4 Vergesslichkeit oder Demenz
Wo liegt die Grenze und was kann man selbst dagegen tun? 91

Diagnose MCI 93
Gehirnveränderungen bei MCI 98
Von MCI zu Alzheimer 106
Was kann man gegen MCI tun? 109
Wenn die Demenz wirklich zuschlägt 115

5 Körper und Geist
Der Einfluss der Hormone 122

Hormonelle Veränderungen 124
Östrogene bei Wechseljahresbeschwerden 125
Testosteron und Hirnfunktionen 131
Ein mysteriöses Hormon 137

6 Wirkstoffe und Training
Was hilft und was nicht hilft   144

Medikamente   145
Natürliche Nahrungsergänzungsmittel   149
Kognitives Training   155
Körperliche Bewegung   164

7 Verstand kommt mit den Jahren
Warum ältere Menschen weiser sind   172

Was ist Weisheit?   175
Wie ältere Menschen argumentieren   179
Je älter, desto weiser?   182
Der Hase und die Schildkröte   185
Der erfahrene Entscheider   190
Eile mit Weile   192

8 Ein optimales Gehirn
Wissenschaftlich fundierte Ratschläge   195

«Erfolgreich altern»   196
Wähle deine Eltern mit Bedacht   198
Du bist, was du isst   201
Bleibe aktiv   205
Spiritualität, Lebenskunst und Achtsamkeit   208
Der Fünf-Punkte-Plan   213

Anmerkungen   217
Literatur   224
Bildnachweis   237
Register   238

vorwort

Die 102-jährige Theodora Claasen-Roos erzählte einer niederländischen Zeitung, der Bürgermeister komme schon seit einigen Jahren zu ihrem Geburtstag. Doch nun hätte sie ihren Kindern (das älteste ist 77, das jüngste 64) gesagt, dass sie ihren Geburtstag nicht mehr zu feiern brauchten. «Viel zu teuer, das jedes Jahr zu veranstalten – schade um das schöne Geld.» Sie erzählte auch, dass sie immer gesund gelebt habe. «Jeden Tag mache ich meine kleine Runde. Das hält mich in Schwung. Dabei treffe ich immer Bekannte, mit denen ich ein Schwätzchen halten kann. Sonst habe ich nie etwas Besonderes gemacht, um so alt zu werden.» Sie liest eine regionale und eine überregionale Zeitung. «Vor allem lese ich gerne etwas über Wissenschaft. Aber ich sitze nicht den ganzen Tag herum und lese, nein, wirklich nicht. Dafür wäre mir meine Zeit zu schade.»

Warum ist manch einer mit hundert Jahren noch fit und geistig rege, während ein anderer schon mit sechzig gravierende Gedächtnisprobleme bekommt? Kann eigentlich jeder an Alzheimer erkranken? Wie sieht das Gehirn eines 80-Jährigen aus? Hat ein älteres Gehirn auch Vorzüge? In diesem Buch versuche ich, diese Fragen auf der Grundlage neuester wissenschaftlicher Erkenntnisse zu beantworten.

Schon seit meiner Studentenzeit interessiere ich mich für die Alterungsprozesse von Gehirnfunktionen. Zum Abschluss des Studiums führte ich am Universitätsmedizinischen Zentrum Utrecht eine Untersuchung über Wachstumshormone und die mentalen Fähigkeiten älterer Männer durch. Darüber schrieb ich einen Artikel, der in der internationalen wissenschaftlichen Zeitschrift *The Journal of Clinical Endocrinology and Metabolism* veröffentlicht wurde. Auch in den darauffolgenden Jahren war ich an verschiedenen Studien zu den Gehirnfunktionen älterer Menschen beteiligt. Darauf sowie auf viele Arbeiten meiner Wissenschaftlerkollegen werde ich in diesem Buch Bezug nehmen. Gesundes Altern bzw. *healthy aging* ist das zentrale Forschungsthema meines heutigen Arbeitgebers, des Universitätsmedizinischen Zentrums Groningen. In dieser Institution habe ich 2012 ein neues Forschungsprojekt begonnen, das sich mit den Gehirnfunktionen älterer Menschen befasst, die unter Vergesslichkeit leiden – einer Vergesslichkeit, die allerdings nicht so gravierend ist, dass wir sie als Demenz bezeichnen könnten, da diese Menschen ihren Alltag noch selbstständig bewältigen.

In diesem Buch verwende ich oft die Bezeichnung «ältere Menschen» oder «Senioren». Damit meine ich Menschen, die älter als 65 sind, womit ich eine Altersgrenze aufgreife, die in vielen wissenschaftlichen Studien zugrunde gelegt wird. Diese Lebensphase wird gelegentlich als das dritte Lebensalter bezeichnet. Das erste Lebensalter würde dann die Kindheit und Jugend, das zweite die mittlere Lebenszeit umfassen. Ich knüpfe also mit meiner Grenzziehung daran an, was lange als Pensionseintrittsalter galt. Angesichts der Tatsache, dass die Menschen heute viel älter werden als vor 50 Jahren und auch länger fit bleiben, spräche allerdings einiges dafür, erst ab einem Alter von 70 Jahren von Senioren zu sprechen. Wie dem auch sei, das Buch richtet sich nicht nur an Menschen über 65. Ich habe es für alle geschrieben, die wissen möchten, was an Fakten über das Gehirn und das Altern tatsächlich wissenschaftlich belegt ist. Seit dem Jahr 1990 hat sich laut den Berechnungen des Statistischen Bundesamtes die Zahl der Menschen ab 65 Jahren in Deutschland um fünf Millionen erhöht. Das entspricht einem Anstieg um 42 Prozent. In den letzten Jahren erreichten die Babyboomer (die während der Geburtenwelle kurz nach dem Zweiten Weltkrieg geboren wurden) in großer Zahl das Pensionsalter. Auch werden die Menschen immer älter. Die Chance eines 65-Jährigen, die 80 zu erreichen, ist in den vergangenen zehn Jahren stark gestiegen. 2010 betrug sie für Männer 63 Prozent. Zehn Jahre zuvor lag sie noch bei 52 Prozent. Für Frauen besteht eine noch größere Chance, 80 Jahre alt zu werden. Nach der Sterblichkeitsrate von 2010 zu urteilen, erreichen heute drei Viertel aller 65-jährigen Frauen das Alter von 80 Jahren.

Nach den Berechnungen des Statistischen Bundesamtes steigt zudem die Chance, ein noch höheres Alter zu erleben. Ein Drittel der Frauen, die 2010 das Alter von 65 Jahren erreicht haben, werden schätzungsweise 90 Jahre oder älter. Vor zehn Jahren traf das nur auf ein Viertel von ihnen zu. Fast jeder fünfte Mann von 65 Jahren kann zuversichtlich hoffen, 90 Jahre oder älter zu werden, während das im Jahr 2000 nur auf jeden neunten zutraf. Zu Recht spricht man also von einer massenhaften Vergreisung. Im Zentrum dieses Buches steht die Frage, wie es unseren grauen Zellen dabei ergeht.

Wenn wir älter werden, lässt unser Gehirn unwiderruflich nach. Hirnzellen schrumpfen, Verbindungen zwischen Hirnregionen lösen sich auf, das Gedächtnis und die Konzentration lassen nach, das Denkvermögen verlangsamt sich. Doch es gibt nicht nur Trostloses zu berichten, denn ältere Menschen sind oft glücklicher als jüngere, können besser mit Emotionen umgehen und sind weniger gestresst. Außerdem sind sie besser darin, komplexe Entscheidungen zu treffen. Natürlich sind diese Fähigkeiten bei älteren Menschen sehr unterschiedlich ausgeprägt. Ich versuche zu erklären, worauf sich das zurückführen lässt. Anhand der neuesten wissenschaftlichen Erkenntnisse möchte ich darstellen, was sich im Gehirn verändert und wie es älteren Menschen gelingt, andere Hirnregionen einzusetzen, um Beeinträchtigungen zu kompensieren. Außerdem nehme ich eine Reihe von Behandlungen unter die Lupe, die viel versprechen, aber wenig halten, und zeige im Gegenzug, welche Maßnahmen durchaus hilfreich sind. Ich gehe auch der faszinierenden Frage nach, wie es möglich sein kann, dass wir *dank* des Nachlassens unseres Gehirns weiser und klüger werden. Und ich versuche darzulegen, was es heißt, «erfolgreich zu altern», womit ich eine Formulierung aufgreife, die sogar in die wissenschaftliche Literatur Eingang gefunden hat.

Für ihre Ratschläge und ihr Drängen auf größere Klarheit, durch die das Buch sehr an Qualität gewonnen hat, bin ich der Lektorin Ine Soepnel vom Verlag Atlas Contact sehr zu Dank verpflichtet. Anita Roeland hat dazu ebenfalls ihren Teil beigetragen. Berber Munstra danke ich für die professionelle Gestaltung der Grafiken. Zu guter Letzt möchte ich meiner Frau Finie für ihre Unterstützung danken. Ich freue mich darauf, mit ihr zusammen alt und grau zu werden. Sei willkommen, Seniorenhirn!

1 «Alles geht so schnell»

Wie sich unsere mentalen Fähigkeiten verändern

Fast jeder, der die 50 hinter sich gelassen hat, fürchtet hin und wieder, dass ihn sein Gedächtnis allmählich im Stich lässt. Man vergisst Namen und weiß nicht mehr, wo man seine Schlüssel gelassen hat. Bald wird es noch schlimmer, und man vergisst womöglich noch, den Herd abzuschalten ... Oder man merkt, wie schwer es fällt, mit den technologischen Entwicklungen Schritt zu halten. Dies ist in der schnellen Informationsgesellschaft nicht mehr so einfach. Begriffe wie Twitter, Facebook, Google+, iPhone, iPad, Blackberry, die heute in aller Munde sind, existierten vor zehn Jahren noch nicht. Jeder will alt werden, aber niemand will alt sein. Wenn man 40-Jährige fragt, ob sie 65 sein möchten, wird sich trotz des Freizeitvorteils, den die Aussicht auf eine baldige Pensionierung oder Verrentung verspricht, kaum jemand dafür entscheiden.

Das Schreckensbild wird nicht nur von gesundheitlichen Beeinträchtigungen, sondern vor allem von einem möglichen Nachlassen von Gedächtnis und Konzentrationsvermögen gezeichnet, oder auch von einer Verlangsamung der Denkvorgänge und einem Nachlassen der Flexibilität: Man befürchtet, allem nicht mehr so richtig folgen zu können. Schon der griechische Philosoph Platon vertrat (im vierten Jahrhundert vor Christus) die Ansicht, dass beim Altern der Abbau der körperlichen Kräfte mit dem Nachlassen der Geisteskräfte einhergehe. Ebenso wenig wie ein Mensch in hohem Alter noch schnell laufen könne, sei er dazu fähig, viel zu lernen. Hat Platon recht? Welche unserer mentalen Fähigkeiten lassen eigentlich nach, wenn wir älter werden? Wann beginnt der Abbau? Wie schnell geht es? Und was bleibt uns erhalten?

Vorurteile

Viele Menschen, auch ältere, haben ein falsches und zu düsteres Bild der «dritten Lebensphase» oder dem Leben jenseits der 65. Im Jahr 2008 stand die niederländische Bücherwoche unter dem Thema «Von alten Menschen. Die dritte Lebensphase und die Literatur». Aus diesem Anlass hatte die Tageszeitung *de Volkskrant* in Zusammenarbeit mit der Freien Universität Amsterdam recherchiert, was man in den Niederlanden über ältere Menschen dachte. Die Befragten sollten angeben, ob ihrer Meinung nach bestimmte Aussagen zutrafen oder nicht. Zum Beispiel: «Die Hälfte der älteren Menschen ist einsam.» Diese Aussage hielten 47 Prozent der 751 Befragten für richtig, obwohl sie falsch ist. Die korrekten Antworten basieren auf den Ergebnissen der LASA-Studie *(Longitudinal Aging Study Amsterdam)*, einer groß angelegten Langzeitstudie über das Altern. Aus der LASA-Studie geht hervor, dass nur ein geringer Prozentsatz der älteren Menschen einsam ist. Auch bei anderen Aussagen über ältere Menschen kamen die Teilnehmer oft zu falschen Einschätzungen, die durchweg ungünstiger ausfielen als die Fakten. Viele lagen bei den Aussagen über das Schrumpfen der familiären und freundschaftlichen Netzwerke falsch (lediglich 13 Prozent urteilten richtig); die meisten Teilnehmer dachten, dass sich diese Netzwerke mit zunehmendem Alter drastisch verkleinern würden. Tatsächlich gibt es hier sehr unterschiedliche Entwicklungen. Im Allgemeinen nimmt der Umfang des Netzwerks erst in sehr hohem Alter ab. Die meisten Befragten (75 Prozent) glaubten auch, dass die Besuche der Kinder in den vergangenen fünfzehn Jahren seltener geworden seien und der Lebensstil älterer Menschen in den vergangenen zehn Jahren gesünder geworden sei (58 Prozent). Beides trifft nicht zu: Kinder und Eltern besuchen sich heute eher öfter als früher, während der Lebensstil der heutigen Senioren eher ungesünder ist als in der vorherigen Seniorengeneration. Depressivität und Konservatismus wurden bei älteren Menschen zu hoch, ihre sexuelle Aktivität zu gering eingeschätzt. Die Aussagen zur Gesundheit wurden gewöhnlich richtiger beurteilt als jene zum Sozialverhalten.

Diese düstere Sichtweise auf ältere Menschen ist nicht ungefährlich. Denn sie kann zu einer *self-fulfilling prophecy* werden. Studien zeigen, dass sich eine positive Einstellung zum eigenen Altern günstig in Richtung höhere Lebenserwartung auswirkt. Dieser Effekt ist sogar stärker als der von Lebensstilfaktoren wie z. B. körperliche Bewegung, Rauchen oder Übergewicht. In einer der Studien wurden die Sterblichkeitsraten der Teilnehmer zu den Antworten in Beziehung gesetzt, die sie Dutzende Jahre zuvor in einer Umfrage gegeben hatten. Menschen mit einer positiveren Erwartung lebten durchschnittlich 7,5 Jahre länger als Menschen mit einer negativen Vorstellung vom Altern. Die Wissenschaftler denken, dass eine positive Einstellung den

Stress verringert und zu Aktivitäten animiert, die das persönliche Wohlergehen fördern. 1993 untersuchte eine andere Studie bei 6856 Menschen, die bereits 1965 befragt worden waren, ob sich eine positive Einstellung auf das Sterberisiko ausgewirkt hatte. Auch hier war das Sterberisiko bei Menschen mit einer positiven Haltung geringer. Eine wichtige Rolle kam den «sozialen Netzwerken» zu: Menschen mit einer positiven Einstellung unterhielten mehr soziale Kontakte und lebten länger. Eine amerikanische Studie konnte schließlich belegen, dass Menschen, die dem Älterwerden mit etwa 60 Jahren positiv entgegengesehen hatten, als 70- und 80-Jährige glücklicher waren. Das traf auch dann zu, wenn die mehr oder weniger positive Gestimmtheit der Teilnehmer vor Vollendung ihres sechzigsten Lebensjahres sowie die Unterschiede in Einkommen und Gesundheit berücksichtigt worden waren. (Mancher ist nun einmal von Natur aus «fröhlicher» als ein anderer, und Einkommen und Gesundheit haben beide ebenfalls einen Einfluss auf das Lebensglück als 70-Jähriger.) Wie Optimismus die Leistungsfähigkeit des Gehirns (und vor allem den positiven Umgang mit Stress und Misserfolgen) fördert, wird hier später noch zur Sprache kommen. Da dieses Buch die Aufmerksamkeit der Leser ausdrücklich auf die positiven Seiten des Alterns lenkt, könnte sich seine Lektüre sogar lebensverlängernd auf sie auswirken.

Umgekehrt bewirken negative Stereotypisierungen eine Verminderung der Leistung und des Wohlbefindens. Wenn man älteren Menschen zunächst eine Reihe negativ konnotierter Begriffe zum Thema Alter, wie etwa den Begriff «senil», vorlegt, ist ihre Leistung in einem anschließenden Gedächtnistest schlechter als nach der Lektüre positiver Begriffe wie etwa «weise».

Altersattribute beeinflussen uns womöglich auch unbewusst, weil wir Abbau und Verfall damit assoziieren. Um dies zu testen, untersuchte die Harvard-Professorin Ellen Langer eine Reihe sehr unterschiedlicher Altersattribute auf ihre Auswirkungen hin. Sie vermutete beispielsweise, dass Männer, die früh kahl werden, auch früher unter Altersbeschwerden litten. Denn eine Glatze wird mit Altern assoziiert, und womöglich fühlen sich Menschen, die täglich mit ihrer Kahlheit konfrontiert werden, eher alt. Aus ihrer Studie ergab sich tatsächlich ein Zusammenhang zwischen früher Kahlheit und dem zeitigeren Einsetzen von Altersbeschwerden. Ein anderer von ihr vermuteter Zusammenhang war der zwischen der eigenen Kleidung und dem Gefühl, älter zu sein: 60-Jährige tragen nun einmal nicht die gleiche Kleidung wie 25-Jährige. In Berufen, in denen man Uniform trägt, etwa als Zugschaffner oder Polizist, dürfte das keine Rolle spielen: Alle sind gleich gekleidet, sodass sich das Alter nicht an der Kleidung ablesen lässt. Ein 20-Jähriger fühlt sich in Uniform eventuell älter, als er ist, ein 65-Jähriger möglicherweise gerade jünger. Langers Annahmen bestätigten sich: Ältere Arbeitnehmer litten in Unternehmen, in denen Uniform getragen wurde, weniger schnell an Altersbeschwerden als andere, die keine Uniform trugen. Sie untersuchte auch, ob Menschen, die mit einem (mindestens zehn Jahre) jüngeren Partner verheiratet waren, einen jugendlicheren Lebensstil annahmen und daher langsamer alterten. Auch das konnten ihre Forschungsergebnisse belegen. Im Gegenzug traten bei den jüngeren Partnern sogar früher Alterserscheinungen auf als bei gleichaltrigen Ehepartnerschaften. In einer früheren Studie hatte Langer kulturelle Einflüsse auf das Nachlassen des Gedächtnisses untersucht: Dabei ging sie von der Annahme aus, dass sich das Gedächtnis älterer Menschen, die in China auf dem Lande lebten, weniger verschlechtern würde, als es in unserer Kultur zu beobachten ist, da sie den negativen Stereotypisierungen, die in westlichen Gesellschaften vorherrschen, weniger ausgesetzt sind. Ihre Annahme erwies sich als richtig. Aus ihrer Studie ging außerdem hervor, dass das Gedächtnis von Amerikanern, die unter Taubheit litten (und die mithin den negativen Klischees über das Altern weniger ausgesetzt waren), ebenfalls weniger beeinträchtigt war. Kurz gesagt: Es kann einen erheblichen Unterschied ausmachen, wie wir selbst zum Altern stehen und welchen Einfluss vorherrschende Vorstellungen auf uns ausüben. Eine positive Einstellung hält jung und ist in vielerlei Hinsicht durchaus berechtigt, denn viele ältere Menschen sind noch bei guter Gesundheit.

Ein virtuoser Pianist

Aldo Ciccolini ist ein begabter Konzertpianist. Er tritt in bedeutenden Konzertsälen auf und wird von der Kritik gefeiert. Am 9. Mai 2011 gab er ein Konzert im Konzerthaus *De Doelen* in Rotterdam, vor der Pause Mozart und nach der Pause Liszt. Als Zugabe spielte er unter anderem den spanischen Tanz Nr. 5 von Granados. Was war nun an diesem Konzert so außergewöhnlich, und was macht es so erwähnenswert? Ciccolini war 85 Jahre alt, als er dieses Konzert gab. Die Kritik äußerte sich lobend zu seinem Auftritt.[1] Die Tageszeitung *Trouw* titelte «Aldo Ciccolini (85) mit Liszt virtuos und unvergesslich». In seiner «melodisch glänzend ausgearbeiteten Wiedergabe» einer Opernparaphrase von Liszt «vermochte er, wo es nötig war, noch eine enorme Kraft zu entfalten». Die Zugaben hinterließen den Eindruck, «dass Ciccolini noch uneingeschränkt über seine Virtuosität verfügt». Wirkte sich denn sein hohes Alter überhaupt nicht auf seine Leistungskraft aus? Wahrscheinlich schon ein wenig, denn der Rezensent schrieb weiter, dass Ciccolini in Mozarts Sonate in B-Dur (KV 333) «eine Gedächtnislücke überbrücken musste, was ihm übrigens so bewundernswert gelungen ist, dass es wohl kaum jemand gehört hat». Offenbar hatte ihn sein Gedächtnis kurzzeitig im Stich gelassen. Was zweifellos mit seinem hohen Alter zusammenhing. Wie er aber die Situation überspielte, sodass nur wenige sie bemerkten, war meisterlich.

Dieses Beispiel macht deutlich, dass das Gedächtnis selbst bei Menschen, die in hohem Alter noch außergewöhnliche Leistungen vollbringen, allmählich kleine Lücken aufweist. Wenn wir an geistige Fähigkeiten denken, die im Alter nachlassen, kommt uns regelmäßig zuallererst das Gedächtnis in den Sinn. Dass das Speichern von Informationen älteren Menschen schwerer fällt als jungen, ist seit Menschengedenken bekannt. Aristoteles verwendete dafür die Metapher der Wachstafel: Eine neue Wachstafel ist weich, daher lässt sich leicht etwas hineinschreiben. Eine ältere ist dagegen härter geworden, sodass es schwieriger ist, etwas hineinzuritzen. In gleicher Weise ist es für ältere Menschen schwieriger, neue Eindrücke im Gedächtnis zu behalten. Das erinnert an die Anekdote eines Ichthyologen (eines auf Fische spezialisierten Zoologen), der zum Dekan einer Universität ernannt wurde. Er behauptete, dass er für jeden Namen eines neuen Studenten, den er im Gedächtnis behalten müsse, den Namen einer Fischsorte vergesse.[2] Dahinter verbirgt sich die Vorstellung, dass dem Gedächtnis nur ein begrenzter Raum zur Verfügung steht, aus dem, sobald er voll genutzt ist, erst wieder etwas entfernt werden muss, bevor etwas Neues hineinkommen kann. Wie logisch diese Idee auch klingen mag, trotz eingehender Forschung zur Kapazität des menschlichen Langzeitgedächtnisses hat man bisher keinen Beweis dafür gefunden, dass unser Gedächtnis «voll»-laufen kann. Es ist unglaublich, wie viele Informationen in das Gedächtnis passen und beim Älterwerden noch hinzukommen können.

Ob diese Informationen allerdings gespeichert werden und immer gut zugänglich sind, steht auf einem anderen Blatt. Manche Informationen kommen einfach nie in unserem Gedächtnis an und können daher auch nicht wieder daraus hervorgekramt werden. Wenn sich Ihnen zum Beispiel jemand im Trubel eines Empfangs mit den Worten vorstellt: «Hallo, ich bin Henk van der Schans», während sie gerade abgelenkt sind, weil jemand Sie anrempelt und Sie sich selbst vorstellen, kommt der Name dieser Person gar nicht in Ihrem Gedächtnis an, weil Sie nicht aufmerksam waren. Daher müssen Sie sich nicht wundern, wenn Sie eine Woche später nicht auf seinen Namen kommen; Sie haben ihn schlicht nie gekannt. Um eine Information zu behalten, muss man ihr mehr Aufmerksamkeit widmen und am besten auch etwas mit ihr anfangen. Sie könnten zum Beispiel denken: Ah, Henk, so heißt doch auch mein Nachbar. Und schon entsteht in Ihrem Kopf das Bild Ihres Nachbarn Henk einträchtig neben dem des neuen Henk van der Schans. Dann werden Sie sich seinen Namen merken. In diesem Fall zumindest den Vornamen ...

Viele Menschen verbinden Älterwerden mit Vergesslichkeit. Diese beginnt nach allgemeiner Auffassung jenseits der 60, vielleicht sogar ein paar Jahre früher. Aber stimmt das denn? Die meisten Leute um die 60, die ich

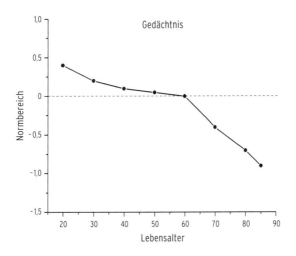

Abbildung 1: Unsere Gedächtnisleistung nimmt beim Älterwerden sukzessive ab.

kenne, scheinen keine nennenswerten Gedächtnisprobleme zu haben.

Das fällt einem eher bei Leuten über 75 auf. Wissenschaftliche Studien deuten jedoch darauf hin, dass der Gedächtnisabbau bereits zu einem gänzlich anderen Zeitpunkt einsetzt. Der Abbau beginnt – erschrecken Sie nicht – bereits mit etwa 20. Zwischen 60 und 70 fällt die Linie der durchschnittlichen Gedächtnisleistung immer steiler ab (siehe Abb. 1). Diese Einbuße lässt sich teilweise darauf zurückführen, dass viele ihre mentalen Fähigkeiten in diesem Alter nicht mehr so aktiv nutzen (etwa weil sie in Rente gehen). Doch bei den meisten liegt keine Gedächtnisstörung vor, denn ihr Wert weicht weniger als einen Standardpunkt vom Durchschnittswert der Bevölkerung (der Nulllinie) ab.

Der Begriff «Gedächtnis» ist übrigens irreführend, denn

er erweckt den Eindruck, es handle sich dabei um eine Einheit, um *eine einzige* mentale Fähigkeit. Aus zahlreichen Studien der vergangenen 50 Jahre geht jedoch deutlich hervor, dass unterschiedliche Gedächtnisprozesse ablaufen. Man hat ein Kurzzeit- und ein Langzeitgedächtnis. Das Kurzzeitgedächtnis nutzen wir, um irgendetwas für weniger als eine Minute im Kopf zu behalten, zum Beispiel eine Telefonnummer, die man gerade wählen will. Man darf sich zwischendurch nicht mit etwas anderem beschäftigen, sonst hat man sie vergessen. Das ist sowohl bei jüngeren als auch bei älteren Menschen der Fall, auch wenn es für Ältere in etwas stärkerem Maße gilt. Das Langzeitgedächtnis speichert alles, was man länger als eine Minute behält und an das man sich auch noch erinnert, wenn man zwischendurch etwas anderes getan hat. Schließlich gibt es noch das Arbeitsgedächtnis: Seine Aufgabe ist die Bearbeitung des Kurzzeitgedächtnisses. Wenn es beispielsweise nicht um eine Telefonnummer, sondern um einen sich verändernden Zahlenwert beim Lösen einer Rechenaufgabe geht.

Das Langzeitgedächtnis wird in das prozedurale und das deklarative Gedächtnis unterteilt. Das prozedurale Gedächtnis hat mit Handlungen wie Fahrradfahren und Klavierspielen zu tun. Wenn wir diese Techniken irgendwann einmal gelernt haben, wird unser Körper vom prozeduralen Gedächtnis in der richtigen Weise gelenkt. Dabei spielen unbewusste, durch Übung automatisierte Prozesse eine sehr wichtige Rolle. Wenn man schon oft Fahrrad gefahren ist, braucht man nicht mehr darüber nachzudenken, wie das Rad vorwärts zu bewegen oder eine Kurve zu nehmen ist. Das deklarative Gedächtnis befasst sich dagegen mit Informationen, die wir bewusst formulieren und benennen können: zum Beispiel anhand einer Einkaufsliste, die wir uns eingeprägt haben. Das deklarative Gedächtnis kann sowohl verbal (sprachliche Informationen) als auch visuell (Dinge, die man gesehen hat) sein. Doch das ist noch nicht alles. Beim deklarativen Gedächtnis unterscheidet man das semantische vom episodischen Gedächtnis. Das semantische Gedächtnis umfasst die Bedeutung von Begriffen (und Namen von Personen), während sich das episodische Gedächtnis mit Ereignissen befasst. Um das an einem Beispiel zu verdeutlichen: Sich daran zu erinnern, wann man das letzte Mal Fahrrad gefahren ist, ist Sache des episodischen Gedächtnisses; zu wissen, was ein Rad ist, die des semantischen Gedächtnisses; und zu wissen, wie man Fahrrad fährt, die des prozeduralen Gedächtnisses. Eine spezielle Ausprägung des episodischen Gedächtnisses ist das autobiografische Gedächtnis, das sich auf den eigenen Lebenslauf und die eigenen Erfahrungen bezieht. Diese Einteilung ist in Abbildung 2 schematisch dargestellt.

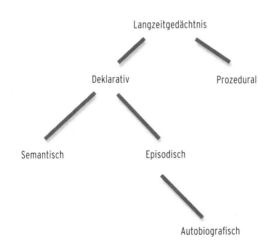

Abbildung 2: Die Unterteilung des Langzeitgedächtnisses

Schließlich gibt es noch das prospektive Gedächtnis, das sich auf Dinge bezieht, die man erledigen muss. Oh ja, ich darf nicht vergessen, gleich die Werkstatt anzurufen, und ich sollte auch noch beim Blumenladen vorbeigehen, bevor ich heute Nachmittag eine alte Bekannte besuche, ... und ich muss daran denken, das Katzenklo sauber zu machen. Um genauer zu klären, welche Gedächtnisfunktionen im Alter nachlassen und welche nicht, nehme ich die wichtigsten Gedächtnisprozesse unter die Lupe.

Verbales und visuelles Gedächtnis

Wie heißt Peters Schwager, mit dem wir uns damals auf diesem Fest unterhalten haben, doch gleich? ... Niemandem bleibt es erspart, hin und wieder nach einem Namen zu suchen. Beim Älterwerden kann sich dieses Problem öfter ergeben. Es kommt einem so vor, als wäre die Information irgendwo tief in der Schublade eines alten Eichenschranks verborgen, an die man nicht herankommt oder für die man keinen Schlüssel hat. Die Information wurde zwar irgendwann gespeichert, aber man hat keinen Zugang mehr dazu. Das episodische Gedächtnis und das Arbeitsgedächtnis werden beim Altern am meisten in Mitleidenschaft gezogen. Psychologen testen das episodische Gedächtnis häufig anhand einer Wörterliste. Der Psychologe liest beispielsweise fünfzehn Wörter vor, die keinen Bezug zueinander haben: «Pflanze, Bart, Hut, ...», und noch zwölf weitere Wörter. Anschließend bittet er die Testperson, die Wörter zu wiederholen. Die meisten Menschen mittleren Alters (von ungefähr 45 Jahren) können sich noch an sieben Begriffe erinnern. Die Liste wird vier weitere Male vorgelesen. Dann können Menschen mittleren Alters in der Regel zwölf von fünfzehn Wörtern wiedergeben. Nach einer Viertelstunde wird die Testperson unerwartet erneut gebeten, möglichst viele Wörter der Liste zu nennen. Nun ist es schon schwieriger, sich noch an alle Wörter zu erinnern. Die meisten Menschen mittleren Alters kommen nicht über zehn Wörter hinaus. Für Menschen um die 70 sind es unmittelbar nach dem ersten Vorlesen der Liste fünf Wörter, neun nach fünfmaligem Hören der Liste und sieben Wörter nach einer viertelstündigen Pause. Das Gedächtnis für unverbundene Wörter verschlechtert sich beim Älterwerden also erheblich. Das kann sich beim Einprägen einer Einkaufsliste bemerkbar machen, vor allem wenn es sich um zusammenhanglose Informationen handelt. Wenn man sechs Produkte für die Zubereitung einer indonesischen Reistafel braucht, sind diese aufgrund des Zusammenhangs leichter zu behalten als eine bunt gewürfelte Liste mit Puderzucker, Kirschjoghurt, Toilettenpapier, Lauch, Makkaroni und Orangen.

Wie steht es mit dem Einprägen von Geschichten? Das gehört ebenfalls zum Aufgabenbereich des episodischen Gedächtnisses. Doch ist in Geschichten mehr Struktur und Bedeutung enthalten. Ist das also einfacher und daher vielleicht weniger beeinträchtigt? Die *Wechsler Memory Scale* ist ein guter, von Psychologen weltweit angewandter Gedächtnistest, bei dem sich die Testpersonen eine kurze Geschichte merken sollen. Gleich nachdem die Teilnehmer die Geschichte gehört haben, werden sie gebeten, möglichst viel davon nachzuerzählen. Menschen um die siebzig können die Geschichte genauso gut wiedergeben wie 20-Jährige. Dreißig Minuten später wird das Gedächtnis der Teilnehmer (unangekündigt) ein zweites Mal getestet, indem sie erneut gebeten werden, möglichst viel von der Geschichte wiederzugeben. Zu diesem Zeitpunkt können sich junge Leute an deutlich mehr Details erinnern als ältere.

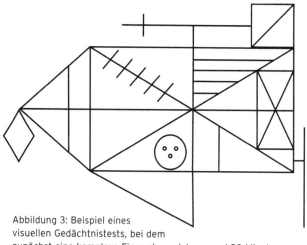

Abbildung 3: Beispiel eines visuellen Gedächtnistests, bei dem zunächst eine komplexe Figur abzuzeichnen und 20 Minuten später aus der Erinnerung nachzuzeichnen ist.

Wörter und Zahlen sind sprachlich, sie gehören beide zum verbalen Gedächtnis. Davon unterscheiden wir das visuelle Gedächtnis für Dinge, die wir gesehen haben. Das ist etwas anderes als das fotografische Gedächtnis, worunter man ein besonders gutes Gedächtnis für Bilder versteht, das in der Lage ist, sich diese regelrecht zu vergegenwärtigen. Das visuelle Gedächtnis ist allgemeinerer Natur: Mit seiner Hilfe können Sie sich zum Beispiel das Haus Ihrer Freunde in Erinnerung rufen, vielleicht nicht in allen Details, aber doch im Großen und Ganzen. Verschlechtert sich das visuelle Gedächtnis beim Älterwerden ebenso schnell wie das verbale Gedächtnis? Ja, auch hier lässt die Erinnerung an neu aufgenommene Informationen im Alter zwischen 20 und 70 um 30 Prozent nach. In einem häufig verwendeten Test zur Messung dieser Fähigkeit ist eine komplexe Figur nachzuzeichnen (siehe Abb. 3). Wenn die Testperson die Figur nachgezeichnet hat, bittet man sie, diese gänzlich aus der Erinnerung heraus zu zeichnen. Eine Viertelstunde später wird sie erneut gebeten, diese Zeichnung noch einmal aus dem Gedächtnis heraus anzufertigen. Dabei zeigt sich: 20-Jährige können deutlich mehr Details der Figur wiedergeben als 70-Jährige.

Ereignisse werden oft als Geschichten gespeichert. Beim Altern sind viele Gedächtnisprobleme verbaler Natur: Man vergisst Namen oder Geschichten. Doch viele Informationen sind auch visuell: Bei der Frage «Wo habe ich meine Schlüssel gelassen?» kann es hilfreich sein, sich die Handlung des Schlüsselablegens nochmals vor Augen zu führen. Gleiches gilt für das Finden eines Weges. Auch wenn es heute dank der Navigationssysteme nicht mehr so schwierig ist, mit dem Auto den Weg zu finden, gibt es doch zahllose Orte, an denen wir auf unser visuelles Gedächtnis angewiesen sind. Zum Beispiel wenn wir eine bestimmte Station in einem Krankenhaus finden müssen, auf der wir erst einmal gewesen sind. Oder wenn wir die Wohnung eines Bekannten in einem großen Gebäudekomplex suchen.

Arbeitsgedächtnis

Das Arbeitsgedächtnis ist nur dazu da, die Informationen zu speichern, die erforderlich sind, um eine Aufgabe zu erledigen. Kochen ist zum Beispiel eine Aufgabe, die unser Arbeitsgedächtnis stark in Anspruch nehmen kann. Beim

Kochen und vielen anderen Alltagstätigkeiten müssen wir Informationen in unserem Gedächtnis kurzfristig «zur Hand» haben. Entscheidend ist hierbei, dass diese Informationen den Anforderungen der Aufgabe angepasst, also *upgedatet* werden müssen. Stellen Sie sich vor, Sie bereiten eine umfangreiche Mahlzeit zu: Sie putzen Gemüse, braten Fleisch und heizen den Backofen für einen Auflauf vor. Jede dieser Tätigkeiten erfordert gewisse Schritte, die in einer bestimmten Reihenfolge erledigt werden müssen, wobei es darauf ankommt, den jeweiligen Zeitpunkt, an dem der nächste Schritt getan werden muss, im Auge zu behalten. Das nimmt das Arbeitsgedächtnis ganz schön in Anspruch. Kopfrechnen ist ebenfalls eine typische Arbeitsgedächtnisaufgabe. Außerdem ist ein gut funktionierendes Arbeitsgedächtnis äußerst bedeutsam für das Erlernen neuer komplexer Fähigkeiten, ganz gleich, ob man lernen möchte, mit dem Videobearbeitungsprogramm des Computers zu arbeiten oder ein Musikinstrument zu spielen.

Weil es für eine Studie über das Arbeitsgedächtnis und das Altern sehr aufwendig wäre, alle Teilnehmer eine Mahlzeit kochen zu lassen, wird in solchen Studien mit Aufgaben gearbeitet, die Ähnlichkeit mit Kopfrechnen aufweisen. Eine oft gestellte Aufgabe heißt *N-back*. Dabei wird den Teilnehmern (nacheinander) eine kontinuierliche Abfolge von Zahlen gezeigt, wobei sie sich eine Zahl merken sollen, die einer anderen Zahl ein oder zwei Positionen vorausging. Wenn Sie sich zum Beispiel die Zahl merken sollen, die unmittelbar vorherging (n ist dann 1; daher der Name *N-back*), erhalten Sie die Instruktion: Drücke auf die Taste, wenn *eine* Zahl vorher eine 3 zu sehen war. Wird einem Teilnehmer dann die Reihe 6, 3, 4, 5 ... angeboten, hätte er bei 4 auf die Taste drücken müssen, weil 3 die unmittelbar vorhergehende Zahl war. Die Instruktion lässt sich auch zu einer *2-back*-Instruktion abändern: «Drücke auf die Taste, wenn zwei Zahlen zuvor eine 3 zu sehen war». In der Reihe: 7, 4, 3, 8, 1, 2 ... müsste der Teilnehmer dann bei der 1 drücken, da die 3 zwei Zahlen vorher zu sehen war. Weil die Zahlen einzeln auf dem Bildschirm erscheinen, ist die Aufgabe ziemlich anspruchsvoll. Richtig schwierig wird es natürlich bei einer *3-back-* oder *4-back*-Aufgabe. Man muss den Zahlenstrom ständig in seinem Arbeitsgedächtnis *updaten*, weil immer neue Zahlen hinzukommen und man sich einprägen muss, welche Zahl drei Zahlen zuvor angeboten wurde. Die meisten älteren Menschen sind in *N-back* weniger gut als Jüngere, der Abstand wird bei den schwierigeren Varianten von *3-* und *4-back* zunehmend deutlicher. Aus unterschiedlichen Studien geht hervor, dass es Älteren vor allem schwerer fällt, sich irrelevanter Informationen «zu entledigen». Es ist schwierig, die Zahlen, die jetzt keine Rolle mehr spielen, zu ignorieren, wenn sie kurz zuvor noch relevant waren.

Ältere Menschen können also nicht nur weniger Elemente gleichzeitig verarbeiten und sich daher zum Beispiel weniger Wörter im verbalen Gedächtnis einprägen, sie können auch unwichtige Informationen nicht so gut unterdrücken. Beide Aspekte haben einen ungünstigen Einfluss auf das Arbeitsgedächtnis. Im Alltag wirkt sich das vor allem auf das Erlernen neuer Aufgaben aus, wenn sehr viele Informationen auf einen einströmen, die längst nicht alle unmittelbar relevant sind. Das ist zum Beispiel der Fall, wenn man lernt, mit einem neuen Computerprogramm zu arbeiten, oder wenn man sich auf ein Buch zu konzentrieren versucht, während die Enkel im Hintergrund Lärm machen. Solche Situationen sind für ältere Menschen anstrengender, weil es ihnen schwerer fällt, die irrelevanten Informationen (den Kinderlärm) zu ignorieren. Das steht mit dem Nachlassen der Leistungsfähigkeit der präfrontalen Hirnrinde in Zusammenhang, die es uns ermöglicht, unwichtige Informationen herauszufiltern. Dazu später mehr.

Abbildung 4: Beispiele abstrakter Muster, auf die man in der «sequenziellen Zeigeaufgabe» zeigen soll. Man darf auf keines der Muster mehr als einmal zeigen und muss sich daher merken, auf welche Muster man bereits gezeigt hat.

Ein etwas einfacheres Arbeitsgedächtnisexperiment ist die «sequenzielle Zeigeaufgabe». Bei diesem Experiment erhält man ein Ringbuch mit einer Reihe von Blättern, auf denen jeweils zehn abstrakte Muster zu sehen sind. (Beispiele für solche Muster sehen Sie in Abb. 4). Es geht darum, auf jedem Blatt auf ein selbst gewähltes Muster zu zeigen, wobei auf kein Muster mehr als einmal gezeigt werden darf. Es ist also notwendig, sich in seinem Arbeitsgedächtnis zu merken, auf welche Muster man bereits gezeigt hat. Auch diese Aufgabe fällt älteren Menschen schwerer. Obwohl sie scheinbar wenig mit alltäglichen Gedächtnisproblemen zu tun hat, geht es darin doch um eine wichtige Fähigkeit, die wir oft benötigen: zwischen dem, was wir früher schon einmal gesehen haben, und dem, was für uns neu ist, zu unterscheiden. Wenn Sie bei Freunden an der Wand ein neues Gemälde entdecken, ist es nett, darüber eine Bemerkung fallen zu lassen. Kommen Sie aber bei den nächsten Besuchen immer wieder darauf zu sprechen, als hätten Sie es noch nie gesehen, werden Ihre Freunde langsam anfangen, sich um Ihr Gedächtnis Sorgen zu machen.

Flexibles Denken

Nach Ansicht von Wissenschaftlern der französischen Universität Nancy nimmt bei Spinnen mit zunehmendem Alter die Fähigkeit ab, Netze zu weben. Die Forscher untersuchten die in Europa weit verbreitete Sektorspinne. Sie entdeckten hierbei, dass sie in höherem Alter beim Weben des Netzes Maschen fallen lässt. Die Forscher ließen Netze von Spinnen unterschiedlichen Alters eingehend auf deren Form, Gleichmäßigkeit und die Zahl ihrer Löcher hin untersuchen. Die Netze von älteren Spinnen wiesen offensichtlich eine unregelmäßigere Form und kleine Fehler auf, sodass zwischen den Seitenfäden große Löcher entstanden. Bei älteren, acht Monate alten Spinnen (Sektorspinnen haben eine Lebenserwartung von zwölf Monaten) waren die Netze nur noch sehr lose geknüpft und hatten keine symmetrische Struktur mehr. Nach Ansicht der Wissenschaftler ist die verminderte Leistungsfähigkeit auf die Alterung der Hirnzellen zurückzuführen, wobei sie jedoch darauf hinweisen, dass dies noch eingehender untersucht werden müsse. Sie glauben jedenfalls, dass die Studie auch ein Licht auf grundlegende Mechanismen altersbedingter Abbauprozesse beim Menschen werfen könne.

Fallen uns komplexe Aufgaben mit zunehmendem Alter schwerer? Es trifft zu, dass beim Älterwerden nicht nur die Gedächtnisleistung abnimmt. Auch andere mentale Fähigkeiten, die sogenannten exekutiven Funktionen, lassen nach. Exekutive Funktionen sind Grundfähigkeiten, die man braucht, um eine Aufgabe zu erledigen: organisieren, planen, mit etwas beginnen, am Ball bleiben, Impulse beherrschen, Emotionen steuern, sich anpassen, sich erholen. Zusammenfassend könnte man sagen, exekutive Funktionen sind die mentalen Fähigkeiten, die über die Koordination und Kontrolle unseres Verhaltens entscheiden. Sie versetzen uns in die Lage zu erkennen, welches Verhalten in einer bestimmten Situation angebracht ist, und ermöglichen uns, unangebrachte Verhaltensweisen im Zaum zu halten oder zu unterdrücken. Wenn man es beispielsweise im Verkehr eilig hat, muss man, wenn die Ampel bereits auf Gelb geschaltet hat, die Neigung unterdrücken, weiterzufahren; man muss das Auto abbremsen, da sonst die Gefahr groß ist, bei Rot durchzubrausen. Sich trotz Ablenkung weiter auf eine Aufgabe zu konzentrieren, die man erledigen muss, ist ebenfalls eine wichtige exekutive Funktion. Im Verkehr kann es viele Ablenkungen geben, schöne Gebäude, die am Straßenrand stehen, bunte Reklametafeln oder das Klingeln des eigenen Handys; gerade dann ist es wichtig, diese Reize auszublenden und weiterhin konzentriert auf den Verkehr zu achten. Für ältere Menschen kann es schwierig sein, solche irrelevanten Informationen zu ignorieren.

Beim Kochen sind die exekutiven Funktionen ebenfalls

sehr wichtig. Der kanadische Forscher Fergus Craik hat auf dem Computer ein virtuelles Kochexperiment entworfen, mit dem er die Fähigkeiten älterer und jüngerer Testpersonen, die Zubereitung eines amerikanischen Frühstücks zu planen, vergleichen konnte. Auf dem Computerbildschirm wurden ihnen – von Toast bis Pfannkuchen – fünf unterschiedliche Gerichte samt ihrer jeweiligen Zubereitungszeit gezeigt. Auf einem Touchscreen konnten sie mit dem Finger die Gerichte antippen und damit ihre «Zubereitung» starten. Der Auftrag bestand darin, alles gleichzeitig fertig zu bekommen und zwischendurch den Tisch zu decken. Dazu konnten die Testpersonen Teller und Besteck vom Rand des Bildschirms an die richtige Stelle auf dem virtuellen Tisch rücken. Es gibt auch eine schwierigere Variante dieser Aufgabe, bei der jedes Gericht auf einem eigenen Computermonitor zu sehen ist und die Teilnehmer immer zwischen den Bildschirmen hin- und herspringen müssen, um die Zubereitung der anderen Speisen nicht aus dem Blick zu verlieren. Außer der Fähigkeit, zu planen und die Übersicht zu behalten, beansprucht diese Aufgabe auch das prospektive Gedächtnis. Mit ihm kann man in Erinnerung behalten, was alles noch zu erledigen ist. Wie gut jemand die Zubereitung im Blick behält, lässt sich messen, wenn man die Zeit, die es im Idealfall kosten würde, alles fertigzustellen, von der Gesamtzeit abzieht, die ein Teilnehmer tatsächlich dafür benötigt hat. Je größer der Unterschied ausfällt, desto schwerer ist es der Person offenbar gefallen, die Zubereitungszeiten gut im Blick zu behalten. Um die Fähigkeit des Planens und Vorausschauens zu messen, vergleicht man den Zeitpunkt, zu dem die Zubereitung des ersten Gerichts abgeschlossen ist, mit dem Zeitpunkt der Fertigstellung des letzten. Im Idealfall sollte kein Zeitabstand dazwischenliegen, denn die Aufgabe bestand ja darin, alle Gerichte gleichzeitig auf den Tisch zu bringen. Je größer der zeitliche Abstand zwischen der Fertigstellung des ersten und des letzten Gerichts ist, desto größere Schwierigkeiten hatte die betreffende Person mit der Planung.

Was ergibt sich nun daraus? Ältere (durchschnittlich 70 Jahre alte) Teilnehmer hatten deutlich mehr Schwierigkeiten als jüngere (durchschnittlich 20 Jahre alte) Teilnehmer, die Zubereitungszeit der Gerichte im Blick zu behalten. Auch die Planung fiel älteren Menschen schwerer, was aber nur für die schwierige Version der Aufgabe galt, bei der jedes Gericht auf einem eigenen Bildschirm zu sehen war. Die Ergebnisse der Studie stimmen mit anderen Untersuchungen überein, die abstraktere Aufgabenstellungen verwendet haben. Dort wurde ebenfalls nachgewiesen, dass älteren Menschen das Planen schwerer fällt.

Ein Beispiel für eine solche Aufgabe ist der sogenannte *Trail Making Test*. Bei ihm geht es darum, Buchstaben und Ziffern, die kreuz und quer über ein Blatt verstreut sind, durch eine Linie in der Reihenfolge 1 – A – 2 – B – 3 – C – usw. zu verbinden. Dies wird mit einer zweiten, identischen Aufgabenstellung verglichen, bei der nun ausschließlich Zahlen zu verbinden sind, 1 – 2 – 3 – usw. Die Differenz zwischen den Zeitspannen, die jeweils für die erste und die zweite Aufgabe benötigt wurden, gibt darüber Aufschluss, wie viel zusätzliche Zeit es kostet, zwischen unterschiedlichen Kategorien – in diesem Fall zwischen Buchstaben und Zahlen – hin und her zu wechseln. Sie können das mit den Ziffern und Buchstaben in Abbildung 5 üben.

Ein schöner Test Ihrer mentalen Flexibilität, den Sie leicht zu Hause am Küchentisch ausprobieren können, ist

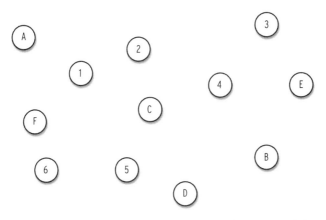

Abbildung 5: Variante des «Trail Making Test», bei dem man zwischen Zahlen und Buchstaben in der Reihenfolge (1 – A – 2 – B – usw.) mit einem Stift eine Linie ziehen muss, und dies möglichst schnell.

das Spiel *Set*. Wenn Sie es als Oma oder Opa mit Ihren Enkeln im Teenageralter spielen, dürfen Sie sich nicht wundern, wenn Sie den Kürzeren ziehen, auch wenn Sie vor Ihren Enkeln in vielerlei Hinsicht einen geistigen Vorsprung haben, weitaus welterfahrener sind und wahrscheinlich auch über mehr Spielerfahrung verfügen. Bei *Set* liegen zwölf Karten mit farbigen Symbolen auf dem Tisch. Die Symbole haben vier Eigenschaften – Farbe, Anzahl, Füllung und Form – in jeweils drei Ausprägungen. Alle Spieler suchen nun gleichzeitig nach einem Set. Ein Set besteht aus drei Karten, bei denen pro Eigenschaft alle Ausprägungen entweder genau gleich oder völlig verschieden sind.

Die mentale Flexibilität versetzt den Spieler in die Lage, zwischen den Kategorien (Farbe, Anzahl, Füllung und Form) hin und her zu wechseln und zu entscheiden, ob genügend Karten von einer Sorte vorhanden sind. Und dann gibt es noch die Kategorie «von jedem eines», die gewissermaßen alle Kategorien umfasst. Doch bei *Set* geht es nicht nur um mentale Flexibilität. Schnelligkeit ist ebenfalls stark gefordert. Wer entdeckt zuerst die möglichen Kombinationen? Vielleicht reagieren ältere Menschen einfach ein wenig langsamer, sodass es gar nicht so sehr an ihrer Flexibilität liegt.

Um flexibel zu sein, muss man hier von einer Art des Denkens (die nach Formen sortiert) auf eine andere (die nach Farben sortiert) umschalten können. Um schnell zu sein, muss man die Dinge zügig sichten können und im Kopf eine Liste abhaken: Wo sind die grünen, wo die roten, wo die viereckigen, wo die runden, und wie viele gibt es von jeder Sorte?

Denkgeschwindigkeit

Worüber klagen die Menschen, wenn sie älter werden, sagen wir mal, ab 70? Meistens über körperliche Beschwerden und den Verlust gewisser Beschäftigungen, Hobbys und sozialer Kontakte. Was den Geist angeht, sind Klagen über ein nachlassendes Gedächtnis wohl am häufigsten. Ebenfalls genannt werden eine geringere Konzentrationsfähigkeit und die Schwäche, von äußeren Reizen schneller abgelenkt zu werden. Doch darüber, nicht mehr so schnell denken zu können, wird seltener geklagt. Das rührt daher, dass Tempo meistens kein Ziel an sich darstellt, sondern eher als Mittel zum Zweck betrachtet wird. Das Ziel besteht darin, den Beipackzettel, den man liest, zu verstehen oder sich die drei Besorgungen, um die uns die Nachbarin gebeten hat, zu merken. Trotzdem registrieren zahlreiche ältere Menschen, dass sie hin und wieder mehr Zeit als jüngere

Menschen brauchen, um neue Informationen zu verarbeiten. Geht es zu schnell, haben sie Mühe mitzukommen. Doch bei einem etwas langsameren Tempo ist alles in Butter. Das wirft die Frage auf, ob wir mit den Jahren geistig träger werden. Bei unseren körperlichen Fähigkeiten halten wir das für selbstverständlich: Ein älterer Mensch von 75 kann nicht mehr so schnell laufen wie ein 40-Jähriger. Aber gilt das auch für unseren Geist?

Die Antwort ist ja, die Denkgeschwindigkeit nimmt mit dem Alter ab. Und sie ist sogar die wichtigste geistige Fähigkeit, die nachlässt. Timothy Salthouse, der maßgebliche Forscher auf dem Gebiet kognitiver Alterungsprozesse, ist der Ansicht, dass die Verringerung der Denkgeschwindigkeit allen anderen mentalen Einbußen, wie das Nachlassen des Gedächtnisses und der exekutiven Funktionen, zugrunde liegt. Die Beeinträchtigung anderer Funktionen lässt sich also größtenteils auf die Verringerung des mentalen Tempos zurückführen. Das ist ein sehr wichtiger Punkt, weil es hier um den zentralen Auslöser des Altersabbaus geht.

Wie lässt sich die Denkgeschwindigkeit messen? Es gibt zwei Arten von Tests: Eine, die nur die Reaktionszeit einer Person misst, und eine, die sich stärker daran orientiert, wie schnell ein Denkprozess abläuft. Bei den meisten Tests muss man auf eine Taste drücken oder etwas aufschreiben; in der ersten Testkategorie spielt auch die Schnelligkeit der Finger- und Handmotorik eine Rolle. Bei einer einfachen Reaktionszeitmessung hat man beispielsweise ein Brett mit fünf Tasten vor sich, unter denen sich jeweils ein Lämpchen befindet, das manchmal aufblinkt; dann muss man möglichst schnell auf die gerade aufleuchtende Taste drücken. Das ist nicht besonders kompliziert. Mit der Anweisung: Drücke immer wieder auf die Taste rechts neben der aufleuchtenden Taste, kann man es etwas schwieriger gestalten, denn dann muss die Testperson die natürliche Neigung unterdrücken, auf die aufleuchtende Taste zu drücken. Dieser zweite Test kostet daher auch mehr Zeit, und es kommt häufiger zu Fehlern. Über die Reaktionsgeschwindigkeit bei Jung und Alt wurde viel geforscht. Dabei zeigte sich, dass die Reaktionsgeschwindigkeit, etwa ab 20, kontinuierlich abnimmt. Wenn man eine Grafik dazu erstellt, zeigt sie eine gerade Linie, die ab dem 20. Lebensjahr schräg abwärts verläuft. Die Abnahme entwickelt sich langsam, aber stetig.

Im Verkehr kann eine gute Reaktionszeit entscheidend sein, daher ist es wichtig, sie bei älteren Menschen ab 70 regelmäßig zu testen. Statt mit einer Tastenleiste funktioniert das allerdings am besten in einem realistischen Umfeld. Neuropsychologen der Universität Groningen nutzen dazu einen Fahrsimulator, in dem die Testperson selbst Auto fährt und in sehr realistische Verkehrssituationen gerät. Mit ihm lassen sich verschiedenste Situationen simulieren, in denen man plötzlich abbremsen oder das Lenkrad herumreißen muss. Man muss nicht nur dazu in der Lage sein, vor einem plötzlich die Straße überquerenden Fußgänger schnell auf die Bremse zu treten, auch bei der Beurteilung komplizierter Verkehrssituationen ist Denkgeschwindigkeit sehr gefragt. Denn die Situationen verändern sich ständig. Stellen Sie sich vor, Sie wollen auf der Autobahn ein Auto überholen. Dann müssen Sie erst einmal rechtzeitig abschätzen, ob von hinten kein anderes Auto kommt, das schneller fährt als Ihres. Manchmal muss man im Bruchteil einer Sekunde entscheiden, ob man überholt oder nicht. Die Tatsache, dass die Reaktionsgeschwindigkeit beim Älterwerden im Durchschnitt abnimmt, muss übrigens nicht bedeuten, dass ältere Menschen im Verkehr grundsätzlich eine größere Gefahr darstellen. Das gilt nur für ältere Menschen mit einer stark verlangsamten Reaktionsgeschwindigkeit oder massiv beeinträchtigten exekutiven Funktionen. Also für etwa die 20 Prozent der über 70-Jährigen, deren Ergebnisse in Tests deutlich unterdurchschnittlich ausfallen.

Abbildung 6: Variante des Symbol-Zahlen-Einsatztests: Die dazugehörige Zahl muss unter jedes Symbol eingetragen werden. In 90 Sekunden müssen die Testpersonen versuchen, möglichst weit zu kommen.

Es gibt eine Menge älterer Menschen, die ausgezeichnet Auto fahren. Im März 2012 erhielt eine 80-jährige Südafrikanerin von der Regierung eine Auszeichnung, weil sie schon 60 Jahre Auto gefahren war, ohne auch nur einen Strafzettel zu bekommen. Der Verkehrsminister rühmte sie als Vorbild für die Bevölkerung, denn auf den Straßen Südafrikas werden alljährlich zahlreiche Menschen das Opfer waghalsigen Fahrverhaltens.

Die Denkgeschwindigkeit (zu deren Aspekten auch die Reaktionszeit zählt) ist nicht nur im Verkehr, sondern auch in zahlreichen anderen Situationen von Bedeutung, in denen neue Informationen in rascher Abfolge auf uns einstürzen, zum Beispiel wenn der Klempner uns alle Funktionen des neuen Heizkessels erklärt oder wenn wir uns in einer reizüberfluteten Umgebung aufhalten (zum Beispiel auf einer belebten Geschäftsstraße). Schnelles Denken ist auch wichtig, um Gesprächen mit mehreren Teilnehmern gut folgen zu können, denn viele Leute sprechen schnell, und manchmal hakt einer schon ein, bevor ein anderer mit dem Reden fertig ist.

Ein Test, der oft zur Messung der Denkgeschwindigkeit eingesetzt wird, ist der Symbol-Zahlen-Einsatztest (SZT, siehe Abb. 6). Für diesen Test braucht man nur wenige Minuten. Die Testperson oder der Patient erhält ein Blatt, auf dem viele Kästchen abgebildet sind. Der Proband soll anhand eines oben auf dem Blatt verzeichneten Codes, nach dem jedem abstrakten Symbol eine bestimmte Zahl zugeordnet ist, die richtigen Zahlen in die Kästchen unter den vorgedruckten Symbolen schreiben. Wenn der Code dem Symbol Γ eine 1 zuordnet und dem Symbol I eine 7, ist jeweils unter das entsprechende Symbol die dazugehörige Zahl zu schreiben. Der Test kann mit einem Stift auf Papier ausgefüllt werden. Er ist also nicht schwierig. Die Herausforderung besteht jedoch darin, möglichst schnell zu sein und in anderthalb Minuten so weit wie möglich zu kommen, ohne dabei Fehler zu machen. Aus einer riesigen Zahl weltweit durchgeführter Studien der vergangenen 50 Jahre geht hervor, dass sich mit diesem Test die frühesten altersbedingten Beeinträchtigungen messen lassen. Es handelt sich also um einen sensiblen Test, der schon kleine Abweichungen der mentalen Fähigkeiten registriert. Etwa ab dem 20. Lebensjahr nimmt die Leistung ab (man kommt mit dem Eintragen möglichst vieler korrekter Zahlen nicht mehr so weit wie früher), und dieser Leistungsrückgang setzt sich fort (Abb. 7). Man könnte den Symbol-Zahlen-Einsatztest, der Teil eines Intelligenztests ist, als den verlässlichsten Test für den altersbedingten kognitiven Abbau bezeichnen. Daher wird er in der Neuropsychologie gemeinsam mit einer Reihe anderer Tests weltweit eingesetzt, um mentale Beeinträchtigungen bei älteren Menschen zu messen, die zum Neuropsychologen überwiesen wurden.

Aber was misst der Symbol-Zahlen-Einsatztest denn nun eigentlich? Denn im Grunde sollte man meinen, dass beim Ausfüllen des Tests mehr gefordert ist als nur die Denkgeschwindigkeit. Man muss schließlich die Ziffern auch notieren.

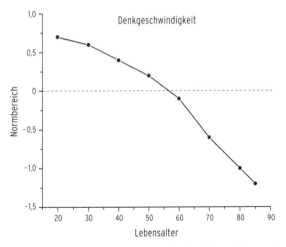

Abbildung 7: Die Denkgeschwindigkeit nimmt beim Älterwerden sukzessive ab.

Daher ist anzunehmen, dass die Testpersonen aufgrund ihrer motorischen Fähigkeiten unterschiedlich schnell schreiben können. Außerdem enthält der Test eine Arbeitsgedächtniskomponente. Denn wenn man sich einen Teil des

Codes merkt und nicht jedes Mal erneut nachsehen muss, kann man die Kästchen schneller ausfüllen. Obwohl der Symbol-Zahlen-Einsatztest verschiedene Funktionen beansprucht, hat sich im Vergleich zu zahlreichen anderen Denkgeschwindigkeitstests (in denen zum Beispiel nicht geschrieben werden muss oder kein Code auswendig zu lernen ist) dennoch gezeigt, dass der Test in erster Linie die Denkgeschwindigkeit misst. Interessant ist dabei, dass sich in vielen Studien, in denen sich beim Symbol-Zahlen-Einsatztest große Unterschiede zwischen älteren und jüngeren Teilnehmern gezeigt haben, die Schreibgeschwindigkeiten beider Gruppen nicht voneinander unterschieden. Im Übrigen deutet einiges darauf hin, dass ältere und jüngere Teilnehmer den Test auf die gleiche Weise ausfüllen, also die gleichen Strategien verwenden: Sie schauen sich immer wieder kurz den Code an und fahren dann mit dem Ausfüllen fort. Der grundlegende Unterschied zwischen Alt und Jung liegt in der Zeit, die man benötigt, um die Symbole und Zahlen zu betrachten und dies dann in Handlung umzusetzen (was in diesem Falle heißt: die dazugehörige Zahl aufzuschreiben).

Mittlerweile hat eine ganze Reihe von Studien belegt, dass beim Älterwerden von allen kognitiven Funktionen die Denkgeschwindigkeit am stärksten nachlässt. Die Fähigkeit, schnell zu denken, hat auch praktische Implikationen: Ältere Menschen, deren Denkgeschwindigkeit noch recht hoch ist, sind länger dazu in der Lage, selbstständig zu wohnen. Außerdem hat sich gezeigt, dass das Nachlassen der Denkgeschwindigkeit zu einem erheblichen Teil die Beeinträchtigung anderer kognitiver Funktionen erklären kann, wodurch sich die Annahme von Salthouse bestätigte. In einer dieser Studien, einer Studie der Universität von

London, führte man einige Tests sowohl bei einer Gruppe jüngerer Menschen von durchschnittlich 23 Jahren als auch bei einer Gruppe älterer Menschen von durchschnittlich 68 Jahren durch. Neben einem Gedächtnistest handelte es sich um einen Test zu Planung und Voraussicht (zu den exekutiven Funktionen) sowie einen Test zur Denkgeschwindigkeit. Es zeigte sich: Verglichen mit jüngeren Menschen hatten ältere eine geringere Gedächtnisleistung, berücksichtige man allerdings die unterschiedliche Denkgeschwindigkeit, verschwand dieser Unterschied! Das galt nicht, wenn man die unterschiedliche Leistungsfähigkeit bei anderen mentalen Funktionen berücksichtigte. Das macht die wesentliche Rolle der Denkgeschwindigkeit für die Erklärung verschiedener Gedächtnisleistungen von jungen und alten Menschen deutlich.

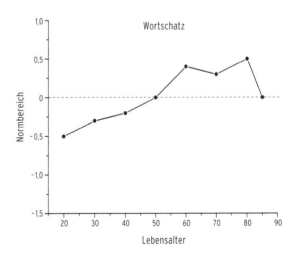

Abbildung 8: Wortschatz und Weltwissen nehmen bis zu unserem 80. Lebensjahr zu.

Reserven

Unabhängig davon, ob die eigene Einstellung dazu positiv oder negativ ist, lassen die geistigen Fähigkeiten beim Älterwerden nach. Das betrifft das episodische Gedächtnis, das Arbeitsgedächtnis, die exekutiven Funktionen und die Denkgeschwindigkeit. Gibt es also nur Trostloses zu berichten? Sicherlich nicht. Wie wir im Folgenden sehen werden, gibt es einige mentale Fähigkeiten, mit denen ältere Menschen brillieren können. Ich erwähne hier nur zwei, die üblicherweise in Intelligenztests relevant werden: das Weltwissen und der Wortschatz. Geht es um Weltwissen, wird das allgemeine Faktenwissen abgefragt, beispielsweise wer der Präsident von Frankreich ist oder wie der höchste Berg der Welt heißt. Geht es um den Wortschatz, werden die Teilnehmer gebeten, die Bedeutung eines Wortes mit eigenen Worten zu umschreiben. Man spielt also kurz mal Wörterbuch. Was bedeutet zum Beispiel «Elite»? Oder «eloquent»?

Die dabei verwendeten Wörter sind sorgfältig gewählt und basieren auf einer repräsentativen Stichprobe quer durch die Bevölkerung. Auf dieser Grundlage lässt sich feststellen, ob die Leistung eines Teilnehmers überdurchschnittlich oder eben unterdurchschnittlich ausfällt. Für ein gutes Sprachvermögen ist der Wortschatz entscheidend. In Tests zu Weltwissen und Wortschatz schneiden ältere Menschen im Vergleich zu jüngeren besser ab. Das Lesen und das Verständnis erzählerischer Texte werden durch das Älterwerden nicht nennenswert erschwert, sofern sie nicht durch visuelle Probleme und Konzentrationsschwäche beeinträchtigt werden. Allerdings fällt älteren Menschen das Lesen und Verständnis von Sachtexten etwas schwerer, weil hierbei das Arbeitsgedächtnis stärker gefordert wird. Bei den meisten Menschen macht sich dies jedoch erst im Alter von weit über 70 bemerkbar.

Die Fähigkeiten, die beim Altern unangetastet bleiben oder sich sogar steigern, werden in der Fachliteratur gelegentlich mit dem Begriff «kristalline Intelligenz» bezeichnet. Die kristalline Intelligenz umfasst das Wissen und die Fertigkeiten, die man sich im Laufe seines Lebens angeeignet hat. Weltwissen und Wortschatz haben daran einen wesentlichen Anteil. Die Leistungsfähigkeit des Arbeitsgedächtnisses, die exekutiven Funktionen und die Denkgeschwindigkeit, die sich beim Älterwerden allesamt verschlechtern, fallen unter den Nenner «fluide Intelligenz» und werden manchmal auch als «fließende Intelligenz» bezeichnet. Die fluide Intelligenz umfasst jene Fähigkeiten, die wir unabhängig von früher erworbenem Wissen in Anspruch nehmen, um neue Probleme zu lösen. Lässt sich die fluide Intelligenz steigern? Das ist eine wichtige Frage. Denn vielleicht könnten wir dann altersbedingten Beeinträchtigungen entgegenwirken oder sie kompensieren. In einem der folgenden Kapitel werde ich ausführlich darauf eingehen.

Wichtige Erkenntnisse

- Die Fähigkeit, sich neue Informationen einzuprägen, lässt beim Älterwerden nach.
- Auch die Denkgeschwindigkeit, das Konzentrationsvermögen und die mentale Flexibilität (die Fähigkeit, zwi-

schen unterschiedlichen Denkformen hin und her zu wechseln) nehmen ab.
- Die Verlangsamung der Denkgeschwindigkeit beginnt bereits mit etwa 20 und entwickelt sich sukzessive; unsere Denkgeschwindigkeit verändert oder verlangsamt sich nicht plötzlich, wenn wir in Rente gehen.
- Mit dem Älterwerden fällt es uns schwerer, unwichtige Informationen auszublenden.
- Manche mentalen Funktionen, wie Weltwissen und Wortschatz, bleiben vom Altern unberührt oder verbessern sich sogar.
- Eine positive Sicht auf das Altern hat einen größeren Einfluss auf unsere Gesundheit als Faktoren wie körperliche Bewegung, Rauchen oder Übergewicht.

2 ein ruhiges Gemüt

Warum ältere Menschen emotional stabiler sind

Im Januar 1990 machte der englische Autor Roald Dahl gemeinsam mit Frau, Tochter und Enkeltochter Urlaub auf Jamaika. Körperlich hatte der 73-Jährige in den Jahren zuvor einiges mitgemacht. Er hatte sich mehreren Darmoperationen unterziehen müssen, und er hatte Probleme mit seiner Sehkraft. Und obwohl er, wie es sein Biograph Donald Sturrock ausdrückte, ein wenig den Gang einer rheumatischen Giraffe hatte, war seine Gemütslage doch gelassen und heiter. Die wohltuende Sonne steigerte noch seine entspannte Stimmung. Dahl lebte im Hier und Jetzt und erfreute sich an der Gegenwart der Menschen, die er liebte. Ein ergrauter Löwe, umringt von drei charmanten Löwinnen, so Sturrock, der offensichtlich ein Faible für Metaphern aus dem Tierreich hat. Aber auch vor seinem Urlaub auf Jamaika konnte man schon den Eindruck gewinnen, Dahl habe nach einem intensiven Leben zur Ruhe gefunden. Er selbst hatte es so formuliert: «Eine Art Heiterkeit überkommt dich wie ein warmer Nebel. Das Ringen ist vorbei. Jede Bewegung verlangsamt sich. Du hast alle Zeit der Welt. Es gibt keine Eile. Der endlose Kampf, etwas Außergewöhnliches zu erreichen, ist vorüber.»[1]

Nicht jeder hat im Alter ein ruhiges Gemüt. Nach dem für sein Stufenmodell der psychosozialen Entwicklung des Menschen bekannten amerikanischen Psychologen Erik Erikson (1902–1994) beginnt die letzte Phase etwa mit dem 65sten Lebensjahr. Diese Phase nannte er «Ich-Integrität versus Verzweiflung». Er wollte damit zum Ausdruck bringen, dass Menschen in dieser Lebensphase Bilanz ziehen, wobei sie – bei einem positiven Fazit – mit ihrem Leben «ins Reine kommen» und zufrieden darauf zurückblicken. Wenn die Wunschvorstellung des eigenen Lebens dabei mit seinem tatsächlichen Verlauf weitgehend deckungsgleich ist, spricht Erikson von «Ich-Integrität». Ist man mit dem Verlauf des eigenen Lebens und der Rolle, die man darin gespielt hat, jedoch unzufrieden, wird man eher Verzweiflung empfinden. Bei vielen Menschen wird sich nicht nur eines von beiden einstellen. Obwohl Erikson diese Theorie als Mann mittleren Alters formulierte und damals noch nicht wissen konnte, wie es ihm selbst ergehen würde, war er Jahre später ein Musterbeispiel der «Ich-Integrität»: Er wurde 91 Jahre alt und verlebte auch die letzten Jahre glücklich mit seiner Frau Joan, höchst zufrieden mit dem, was er erreicht hatte. Man sah die beiden oft Hand in Hand, wie sie sich liebevoll in die Augen schauten.

Sowohl Dahl als auch Erikson sprechen von größerer Ruhe und Zufriedenheit mit zunehmendem Alter. Erhöht sich die emotionale Stabilität beim Älterwerden womöglich?

Veränderungen der Persönlichkeit

Emotionale Stabilität ist im Wesentlichen eine Charaktereigenschaft. Manche Menschen besitzen recht wenig davon: Sie verlieren ziemlich schnell die Nerven. Wenn ihnen in der Küche eine Tasse zerbricht, reagieren sie darauf wie auf einen Weltuntergang. Auch andere kleine, alltägliche Missgeschicke, etwa ein verpasster Bus oder ein vergessenes Portemonnaie beim Einkauf, bringen sie völlig aus der Fassung. Kritik macht sie unsicher oder ärgerlich. Sie sind oft unruhig und angespannt. Und das nicht nur wegen eines möglichen Unheils, sondern auch weil sie sich Gedanken machen, was andere über sie denken könnten. Sie schämen sich schneller, grübeln häufiger und fürchten sich öfter vor Gefahren. Kurzum, bei ihnen herrschen negative Gefühle vor. Psychologen sprechen in solchen Fällen von Neurotizismus, einem Charakterzug, der auch als emotionale Instabilität bezeichnet wird. An die 15 Prozent der Bevölkerung erreichen in Tests zur Messung von Neurotizismus eine hohe Punktzahl. Neurotische Menschen sind sensibler, und das ist nicht nur negativ. Dennoch weist der Neurotizismus eindeutig Schattenseiten auf: Bei Menschen mit dieser Persönlichkeitsstruktur entwickeln sich eher psychische Probleme wie Depressionen und Angststörungen.

«Ältere Menschen sind oft launisch und knurrig.» So lautet zumindest ein Stereotyp. Aber das trifft nicht zu: Ganz im Gegenteil, Neurotizismus nimmt mit dem Älterwerden ab. Ältere Menschen sind ausgeglichener und lassen sich nicht so leicht aus der Fassung bringen. Geraten sie in Schwierigkeiten, werden jüngere Menschen schneller nervös als ältere. Studien u. a. der Stanford-Universität in Kalifornien haben nachgewiesen, dass Menschen im Laufe des Lebens emotional stabiler werden. Im Alter von 60 oder mehr Jahren fühlen sich Menschen glücklicher als zwischen 20 und 40. Sie haben weniger negative Gefühle. Allerdings nimmt das Empfinden negativer Gefühle mit etwa 70 Jahren und danach wieder ein wenig zu, aber es erreicht nicht mehr das hohe Niveau jüngerer Menschen. Der Grund für die Gefahr einer erneuten Verstärkung negativer Gefühle bei über 70-Jährigen liegt vermutlich in der Zunahme körperlicher Beeinträchtigungen und im Tod von Altersgenossen. Veränderungen im präfrontalen Cortex (dem vorderen Teil unseres Gehirns), der Hirnregion, die unsere Gefühle in gute Bahnen lenkt, können dabei durchaus eine Rolle spielen. In der Regel ist die Gemütslage älterer Menschen jedoch ausgeglichener als die jüngerer. Ältere gehen zumeist auch besser mit schwierigen Situationen, etwa zwischenmenschlichen Problemen, um, weil sie negative Gefühle stärker relativieren können. Ältere Menschen sind also weniger neurotisch. Was sich auch daran ablesen lässt, dass bei ihnen das Risiko, psychische Probleme zu bekommen, geringer ist. Psychische Störungen entstehen meistens vor dem 40. Lebensjahr. Als der Journalist Henk Spaan gefragt wurde, ob ihm die in den Siebzigerjahren in linken Akademikerkreisen allseits beliebte Psychotherapie von Nutzen gewesen sei, antwortete er: «Ach, Älterwerden hilft auch.»

«Alte Menschen nörgeln mehr», ein weiteres Stereotyp, das als falsch entlarvt wurde. Eine große landesweite Untersuchung in den Vereinigten Staaten ergab das Gegenteil: Junge Menschen und Menschen mittleren Alters klagen mehr über Wehwehchen als ältere. Und das, obwohl ältere

Menschen normalerweise erheblich größere Gesundheitsprobleme haben.

Ein weiterer prägender Wesenszug, der sich ebenso wie Neurotizismus beim Älterwerden verändert, ist die «Gutmütigkeit» oder «Freundlichkeit» (gelegentlich auch als Altruismus bezeichnet). Er umschreibt das Maß, in dem sich jemand freundlich verhält und kooperativ zeigt. Toleranz und Hilfsbereitschaft sind hier ebenfalls zu nennen. Menschen, die in Bezug auf ihre Gutmütigkeit hohe Punktzahlen erreichen, sind angenehm im Umgang. Sie tendieren nicht so schnell dazu, anderen Steine in den Weg zu legen oder sich ihren Mitmenschen gegenüber negativ zu verhalten. Dieser Wesenszug ist wie der Neurotizismus, der sich ebenfalls mithilfe eines Fragebogens messen lässt, bei Menschen aller Kulturen auf der ganzen Welt anzutreffen, wenn auch in sehr unterschiedlichem Maß. Im Alter schneiden viele Menschen in punkto Gutmütigkeit besser ab.

Im Folgenden werden wir sehen, weshalb Ältere ausgeglichener und stressresistenter sind als Jüngere und welchen Aufschluss uns das Gehirn über diesen Unterschied gibt. Dabei wird auch deutlich werden, dass sich Depressivität und Apathie, die eine Ausnahme von dieser Regel bilden, im hohen Alter gerade verstärken können.

Leben im Hier und Jetzt

Als mögliche Erklärung für die größere emotionale Stabilität älterer Menschen führen Wissenschaftler unterschiedlichste Ursachen an. Ältere Menschen haben beispielsweise in ihrem Leben schon viele schwierige Situationen erlebt und lassen sich daher von gravierenden Ereignissen nicht mehr so leicht aus der Fassung bringen. Eine interessante Hypothese besagt, ältere Menschen seien im Vergleich zu jüngeren weniger zukunftsorientiert und verspürten daher weniger Unsicherheit im Hinblick auf das, was alles noch erreicht werden sollte; sie seien stärker an ihren Erfahrungen im Hier und Jetzt orientiert. Das gibt ihnen mehr Ruhe und Muße, die vielen kleinen Dinge, die das Leben lebenswert machen, zu genießen. Jüngere Menschen sind manchmal bereit, negative Erfahrungen hinzunehmen (z. B. einen unangenehmen, anspruchsvollen Chef), um ein langfristiges Ziel zu erreichen (Aufstieg in eine bessere Position). Für Ältere ist Letzteres nicht mehr so relevant, daher sind sie weniger geneigt, sich mit solchen negativen Situationen abzufinden. Eine andere Erklärung lautet, ältere Menschen seien weniger anspruchsvoll und würden sich schneller zufriedengeben. Die Gründe dafür könnten in ihrem Realismus und einer gewissen Weisheit liegen; vielleicht tragen sie aber auch nur altersbedingten Einschränkungen Rechnung und legen die Latte daher nicht mehr so hoch. Diese Schlussfolgerung wird von Daten aus verschiedenen Studien untermauert. Außerdem ist es durchaus möglich, dass ältere Menschen sich eher darüber im Klaren sind, was sie glücklich macht, und deshalb im Alltag bessere Entscheidungen treffen. Studien haben nachgewiesen, dass ältere Menschen die Anschaffung eines Produkts seltener bereuen als jüngere. Das liegt zum Teil an ihrer geringeren Impulsivität. Außerdem testete man das Erinnerungsvermögen für Informationen über Produkte, die man sich gern anschaffen wollte: Ältere Personen behalten im Vergleich zu jüngeren vor allem die positiven Produktqualitäten besser in Erinnerung. In anderen Gedächtnistests (bei denen es darum ging, sich eine Reihe von Wörtern oder Abbildungen zu merken) zeigte sich, dass sich Senioren bedeutungsvolle und emotionsbehaftete Wortkombinationen ebenso gut merken konnten wie jüngere Menschen, während sie bei der Erinnerung an einzelne neutrale Wörter weniger gut abschnitten. Die Kombination «Straße, Segel, Maus» beispielsweise kann von Jüngeren besser memoriert werden als von Älteren. Auf «Sommer, Fest, Musik» trifft dies allerdings nicht zu.

Die Wissenschaftlerinnen Susan Charles und Laura Carstensen von der Stanford-Universität vertreten eine interessante These. Anhand ihrer Forschungsarbeiten sind sie zu der Ansicht gelangt, dass sich die Verringerung der Denkgeschwindigkeit im Alter günstig auf die sozioemotionalen Fähigkeiten auswirkt: Manchmal ist es ja gerade von Vorteil, nicht übereilt zu reagieren. Wenn man im Gespräch einen Seitenhieb versetzt bekommt, ist es oft sinnvoller, überlegt zu reagieren als schnell und heftig.

Eine letzte wichtige Erklärung, weshalb Ältere weniger negative Gefühle erleben, liegt darin, dass sie im Umgang mit Emotionen geübter sind. Sie sind im Lauf der Jahre hierin gewissermaßen zu Experten geworden. Es ist durchaus lohnenswert, auf diese Erklärung genauer einzugehen. Aber vorher müssen wir erst mehr über Gefühle im Allgemeinen wissen.

Die Bedeutung von Gefühlen

Wie sähe das Leben aus, wenn wir immer dasselbe fühlen, wenn sich unsere Gemütslage nie ändern würde? Vermutlich farblos und öde. Überdies wären wir ohne Gefühle oft unentschlossen, und das könnte sogar gefährlich werden.

Denn Gefühle haben wir nicht ohne Grund: Sie weisen darauf hin, was uns wichtig ist. Sie helfen uns bei schwierigen Entscheidungen wie etwa einem Hauskauf («Ich hatte dabei ein gutes Gefühl»). Gemütsbewegungen wie Erschrecken und Angst veranlassen uns, wegzurennen, wenn wir einem gefährlichen Tier begegnen, oder einem schnell herankommenden Auto auszuweichen, nachdem wir gedankenlos auf die Straße gelaufen sind. Das Gefühl der Verliebtheit ist von wesentlicher Bedeutung für das Knüpfen romantischer Beziehungen. Wut zeigt beispielsweise, dass wir uns mit der Situation nicht zufriedengeben und eine Veränderung fordern.

Gefühle spielen auch in unserem Zusammenleben eine entscheidende Rolle. Der Amsterdamer Sozialpsychologe Gerben van Kleef argumentiert, dass wir ohne Gefühle nicht erkennen können, was andere innerlich bewegt, was sie von uns wollen und was wir von ihnen erwarten können.[2] Allerdings haben Emotionen auch eine Kehrseite. Sie können hinderlich sein und unser Leben negativ beeinflussen. Man denke an eine sich länger hinziehende Schwermut: Bevor man sich versieht, hat sich daraus eine Depression entwickelt. Es ist eine wahre Kunst, im täglichen Leben gut mit seinen Gefühlen umzugehen. Wer sie richtig wahrnehmen, benennen und verstehen kann, ist ausgeglichener, gesünder und kann anderen besser helfen als jemand, der diese Kunst nicht beherrscht.

Einer der Gründerväter der modernen Psychologie, der deutsche Hochschullehrer Wilhelm Wundt (1832–1920), hat 1903 eine Einordnung der Gefühle nach drei Kategorien vorgenommen. Diese Einteilung ist noch immer aktuell. Erstens lassen sich Emotionen nach der Dimension positiv-negativ unterscheiden. Es bedarf wohl keiner weiteren

Erläuterung, dass sich Freude positiv und Kummer negativ anfühlen. Innerhalb des Gefühlsspektrums von «Kummer» gibt es jedoch allerlei Abstufungen: Tiefster Kummer ist negativer als gemäßigter Kummer. Ein zweiter Aspekt der Gefühle liegt in dem Einfluss, den sie auf unser Handeln haben: in ihrer Vermeidungs- oder Annäherungsmotivation. Bei Angst will man etwas vermeiden, bei Zorn eher darauf losgehen. Wundts dritte Kategorie ist das Maß der körperlichen Erregung, das mit dem Gefühl einhergeht. Diese Erregung kann sich in einer Steigerung des Pulsschlags, des Blutdrucks, der Atmungsfrequenz und der Transpiration äußern. Diese körperliche Erregung ist im Allgemeinen sehr wichtig, weil sich der Körper damit zum Handeln bereit macht. Hält sie allerdings zu lange an, wie bei Menschen mit Depressionen und Angststörungen, ist sie ungesund. Daher ist es sehr wichtig, wie wir mit unseren Gefühlen umgehen. Entgegen der verbreiteten Auffassung, Gefühle kämen einfach über uns, können wir die Intensität und die Art unserer Gefühle durchaus beeinflussen.

Das ältere Gehirn und Gefühle

Menschen gehen auf unterschiedliche Weise mit ihren Gefühlen um. Viele denken kaum über ihre emotionale Verfassung nach und reden wenig darüber, obwohl dies sehr wichtig wäre, um sich in seiner Haut wohlzufühlen. Anders als von Kleinkindern wird von uns Erwachsenen erwartet, unsere Gefühle in Zaum halten zu können. Es kann einen den Arbeitsplatz kosten, seinen Ärger zu zeigen, wenn der Chef einem wieder mal eine Arbeit aufträgt, zu der man keine Lust hat.

Es gibt zwei häufig genutzte Möglichkeiten, mit negativen Gefühlen umzugehen: Entweder werden die Gefühle unterdrückt, oder die Situation wird umgedeutet, wodurch das Gefühl erträglicher wird. Beim Unterdrücken der Gefühle sollen emotionale Äußerungen gehemmt werden: Indem man Haltung bewahrt oder beherrscht spricht und seinen Körper unter Kontrolle hält, gibt man nicht zu erkennen, dass man ängstlich, wütend oder traurig ist. Emotionen zu unterdrücken bedeutet also, so zu tun, als sei nichts vorgefallen, obwohl man innerlich vor Angst bebt, von Kummer zerrissen wird, vor Neid vergeht oder fast platzt vor Wut. Manchmal ist es wichtig, seine Gefühle zu unterdrücken, beispielsweise um sich in Verhandlungen nicht anmerken zu lassen, dass man an etwas brennend interessiert ist. Umdeuten ist eine völlig andere Strategie, mit Gefühlen umzugehen. Dabei richtet man seine Aufmerksamkeit auf den Auslöser des Gefühls und versucht, diesen anders zu interpretieren. Wird man beispielsweise von seinem Partner unfreundlich behandelt, kann man das persönlich nehmen und einen Streit anfangen oder sich fragen, ob er oder sie vielleicht gerade nicht den besten Tag hatte oder am Arbeitsplatz eine Enttäuschung hinnehmen musste. Dann ist man milder gestimmt und das Gefühl weniger negativ. Eine Umdeutung kann durch ein Relativieren der Dinge gelingen oder durch eine Berücksichtigung der Umstände, die zu dieser negativen Situation geführt haben. Um ein Beispiel zu bringen: Vor einiger Zeit schüttete mir jemand im Zug heißen Kaffee auf mein Bein. Ich merkte, wie sehr mich diese, wie mir schien, tollpatschige Aktion ärgerte. Ich biss trotzdem die Zähne zusammen, denn es liegt mir nicht, wildfremde Menschen zu rügen. Durch dieses Unterdrücken wurden meine negativen Gefühle nicht geringer, aber als ich mir bewusst machte, dass der Zug kurz davor einen merkwürdigen Schlenker gemacht hatte und mein Mitreisender vermutlich nichts für sein Missgeschick konnte, verflog mein Unmut.

Zahlreiche psychologische Studien belegen, dass es im Umgang mit unseren Gefühlen günstiger ist, eine Situation umzudeuten, als diese Gefühle zu unterdrücken. Durch die Umdeutung einer Situation fühlt man sich besser; Puls und Blutdruck, die das negative Gefühl ebenfalls in die Höhe gejagt hatte, pendeln sich wieder auf Normalniveau ein. Wird das Gefühl bloß unterdrückt, bleiben Herzschlag und Blutdruck unvermindert hoch. Dasselbe gilt für den Spiegel des Hormons Cortisol, der bei emotionaler Erregung und Stress ansteigt. Ein über längere Zeit erhöhter Herzschlag, Blutdruck und Cortisolspiegel wirken sich nachteilig auf die Gesundheit aus.[3] Umdeuten ist also nicht nur für den Geist, sondern auch für den Körper gesünder. Personen, die Situationen häufig uminterpretieren, haben weniger Herz- und Gefäßprobleme. Außerdem nimmt ihre geistige Leistungsfähigkeit beim Älterwerden in geringerem Maß ab. Unabhängig davon sind sie emotional ausgeglichener und haben bessere soziale Beziehungen.

Was geht beim Erleben von Gefühlen im Gehirn vor sich? Bei emotionalen Reaktionen wird die Amygdala aktiv. Die Amygdala ist eine kleine Hirnstruktur im Temporallappen, die für das emotionale Erleben entscheidend ist (siehe Abb. 9). Haben wir lang anhaltende negative Gefühle, bleibt die Amygdala lange aktiv. Diese Aktivität geht mit einer Erhöhung des Herzschlags, des Blutdrucks und des Cortisolspiegels einher. Wenn die negativen Gefühle abebben, verringert sich auch die Aktivität der Amygdala. Betrachtet man die fragliche Situation aus einer anderen Perspektive,

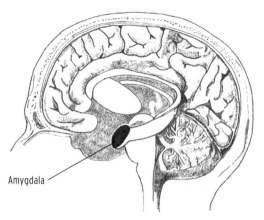

Amygdala

Abbildung 9: Lage der Amygdala im Gehirn

nimmt die Hirnaktivität im vorderen Bereich des Gehirns zu. Dieser Teil des Gehirns hemmt gewissermaßen die Aktivität der Amygdala, man fühlt sich daraufhin wieder ruhiger.

Wie verhält sich das bei älteren Menschen? Mehrere Hirnscan-Messungen haben inzwischen ein Aktivitätsmuster des Gehirns aufgedeckt, das gut zu der Beobachtung passt, dass Ältere ihre Gefühle im Allgemeinen gut regulieren können. Bei Senioren (um die 70 Jahre) zeigten die vorderen Hirnregionen bzw. der präfrontale Cortex bei der Umdeutung emotionaler Situationen eine stärkere Aktivität als bei jüngeren Teilnehmern (von etwa 25 Jahren). Der präfrontale Cortex kontrolliert einige andere Hirnregionen, ihm kommt daher bei der Einflussnahme auf die eigenen Gefühle eine wichtige Funktion zu. Während der präfrontale Cortex bei Älteren aktiver ist als bei Jüngeren, nimmt bei Älteren die Aktivität in der Amygdala stärker ab. Offenbar nehmen ältere Menschen ihr Vorderhirn stärker in Anspruch als jüngere. Entsprechend fällt auch das Ergebnis aus: Es gelingt ihnen besser als jüngeren Menschen, die Amygdala wieder in den Ruhezustand zu versetzen. Vermutlich ist das ihrer größeren Erfahrung im Umgang mit Gefühlen zuzuschreiben. Gehirnstudien zum Thema Optimismus zeigen, dass eine positive Einstellung mit Aktivitäten in den Hirnregionen (im präfrontalen Cortex) verbunden ist, die für die Kontrolle der Gefühle zuständig sind. Dies könnte erklären, weshalb positiv eingestellte Senioren besser mit Stress und Missgeschicken umgehen können.

Eine australische Studie, an der sich 242 Personen zwischen 12 und 79 Jahren beteiligten, hat nachgewiesen, dass emotionale Stabilität in unmittelbarem Zusammenhang mit dem Lebensalter steht: Je älter ein Mensch ist, desto stabiler ist er. 80 Teilnehmer hatten, während ihr Gehirn gescannt wurde, Fotos von ängstlich oder fröhlich blickenden Personen betrachtet. Bei älteren Menschen war beim Anblick der ängstlichen Gesichter eine stärkere Aktivität im Vorderhirn zu beobachten, bei fröhlichen Gesichtern dagegen eine geringere Aktivität. Da diese vorderen Hirnregionen an der Emotionssteuerung beteiligt sind, zogen die Forscher den Schluss, dass ältere Menschen negative Gefühle offenbar besser kontrollieren können, das bei positiven Gefühlen aber weniger tun, weil sie ihnen möglicherweise offener gegenüberstehen.

Ein düsterer Lebensabend

Obwohl ältere Menschen besser mit Gefühlen umgehen können, kann auch bei ihnen eine Depression auftreten. Als Karin (48) ihre Mutter Corrie (77) besucht, fällt ihr auf, dass sie seit einiger Zeit immer trübsinniger wird. Auch am Telefon ist sie stiller. Vor fünf Jahren ist Karins Vater gestorben, und obwohl die Mutter den Verlust gut verarbeitet zu haben schien, holte sie mit dem Tod ihrer besten Freundin im vergangen Jahr alles wieder ein. Trotzdem war sie nicht ständig niedergeschlagen. Aber seit dem Sturz ihrer Mutter in der Küche beobachtet Karin eine anhaltende Verzagtheit bei ihr. Obwohl der Arzt lediglich eine leichte Prellung des rechten Arms und der rechten Schulter feststellte, hatte sie in den ersten Tagen große Schmerzen und brauchte beim Hochstecken ihrer Haare Hilfe. In jüngster Zeit starrt sie oft lange lustlos vor sich hin, auch ihr Appetit hat nachgelassen. Ein Mitarbeiter der Hauspflege stellte ihr einmal die Frage: «Frau van Velzen, haben Sie nicht ein schönes Hobby, das Ihnen Freude macht?» Aber alle Vorschläge wurden von Corrie resolut zurückgewiesen. Karten basteln, kreative Handarbeiten, das waren immer ihre Hobbys gewesen, aber jetzt hatte sie dazu keine Lust mehr. Seit ihr der Arzt vor einer Woche Antidepressiva verschrieben hat, hofft Karin inständig, dass die Medikamente schnell wirken und ihre Mutter wieder die alte wird. Nach zwei Wochen Tabletteneinnahme lässt die Niedergeschlagenheit zum Glück nach. Karin unternimmt alles, um ihre Mutter zu unterstützen, und appelliert dabei auch an die Hilfe von Verwandten und Freunden, sodass sie regelmäßig Besuch bekommt.

Depressive Verstimmungen, wie im Beispiel von Frau van Velzen, treten bei über 70-Jährigen etwas häufiger auf. In Europa leiden zwölf Prozent der älteren Menschen über 70 unter depressiven Verstimmungen, dagegen nur neun Prozent der Menschen mittleren Alters. Schwere Depressionen kommen im Alter allerdings seltener vor. Daher sollte man zwischen depressiven Verstimmungen und einer klinischen Depression unterscheiden. Depressive Verstimmungen sind schwächer und äußern sich nur in einigen depressiven Symptomen wie Niedergeschlagenheit und Antriebsschwäche. Menschen mit depressiven Verstimmungen haben weniger Freude an alltäglichen Dingen und fühlen sich leer. Alltägliche Beschäftigungen haben für sie scheinbar ihren Sinn verloren. Ein Mensch mit depressiven Beschwerden scheint am Leben und an sich selbst nur noch die negativen Seiten zu sehen. Sein Interesse an sozialen Kontakten und Hobbys lässt nach. Menschen mit depressiven Verstimmungen können reizbar, in sich gekehrt und antriebslos sein. Dauert dieser Zustand länger als zwei Wochen und wirkt sich deutlich auf die Bewältigung des Alltags aus, wird die Diagnose Depression gestellt. Deren Symptome nehmen bisweilen ernste Formen an: Die Betroffenen wollen nicht mehr aus dem Bett aufstehen, sprechen nur noch wenig und denken öfter an den Tod oder sogar daran, ihr Leben zu beenden. Dann ist professionelle Hilfe geboten.

Die leichte Zunahme depressiver Verstimmungen bei Senioren ist in der Regel nicht den nachlassenden Fähigkeiten zur Verarbeitung und Umwandlung negativer Gefühle zuzuschreiben, denn diese Fähigkeiten steigern sich im Alter ja gerade. Woran liegt es dann? Obwohl der genaue Nachweis noch aussteht, gibt es doch eine Reihe möglicher Erklärungen. Zunächst natürlich die Tatsache, dass man im Alter häufiger mit dem Verlust geliebter Menschen konfrontiert wird, wie es auch bei Frau van Velzen der Fall war. Zweitens kann eine Verringerung der körperlichen und geistigen Aktivitäten Depressivität nach sich ziehen. Körperliche Probleme wie Gehbeschwerden oder wiederholtes Stürzen sind natürlich alles andere als ein Grund zur

Freude; auch sie werden von diversen Studien mit Depressivität in Verbindung gebracht. Mit anderen Worten: Menschen mit zunehmenden körperlichen Beschwerden leiden rascher an Depressionen. Vielleicht wurde Frau van Velzen durch ihren Sturz bewusst, wie verletzlich ein alter Körper ist, und womöglich tauchte vor ihrem inneren Auge das Schreckensbild einer sich am Rollator festklammernden alten Frau mit eingeschränkter Mobilität auf. Depressionen können auch durch die Lebensrückschau eines älteren Menschen ausgelöst werden, wenn er mit dem, was er vor seinem geistigen Auge sieht, nicht zufrieden ist. Diese Situation hat Erikson als «Verzweiflung» bezeichnet. Menschen, die mit dem Verlauf ihres Lebens und mit ihrer Rolle in diesem Leben unzufrieden sind, neigen laut Erikson dazu, in Verzweiflung zu geraten. Die Beobachtung, dass ältere Menschen aus niedrigeren sozioökonomischen Milieus für depressive Stimmungen anfälliger sind, könnte damit zusammenhängen. Forschungen konnten nachweisen, dass bei älteren Menschen zwischen einem niedrigen sozioökonomischen Status und Depressivität ein Zusammenhang besteht, unabhängig davon, wie gut der Zugang zu Pflegeeinrichtungen ist. Psychotherapie und seelsorgerische Gespräche sollten ältere Menschen, die beim Lebensrückblick verzweifeln, darin unterstützen, ihr Leben anzunehmen.

Auch Veränderungen im Gehirn können Depressionen auslösen. Eine davon ist das Absterben oder der Schwund von Neuronen in Hirnregionen, die für die Verarbeitung negativer Emotionen wichtig sind: Arteriosklerose kann zu einer verringerten Sauerstoffzufuhr in einigen Hirnregionen beitragen und dort kleine Infarkte auslösen, die das Hirngewebe schädigen. Eine Depression kann sich aber auch als Begleiterscheinung einer beginnenden Demenz entwickeln. In diesem Fall geht sie auf die Zersetzung des Hirngewebes durch die Alzheimerkrankheit zurück. Da Depressionen bei vielen älteren Menschen glücklicherweise durch eine Behandlung nachlassen, sind Diagnosestellung und Therapie sehr wichtig.

Soziale Bindungen

Unser Gefühlsleben ist eng mit unserem Sozialverhalten verknüpft. Soziale Kontakte sind für jeden wichtig, aber vor allem im Alter, weil dann viele tägliche Kontakte, etwa am Arbeitsplatz, wegfallen. Menschen sind soziale Wesen, und die meisten von uns finden es unangenehm, längere Zeit allein zu sein. Ältere Menschen wissen soziale Kontakte oft mehr zu schätzen als jüngere; oft haben sie den besseren Blick für den positiven Einfluss anderer. Ein Beispiel mag das verdeutlichen: Für eine Studie wurden Gespräche zwischen Ehepaaren, die über ein Thema unterschiedlicher Meinung waren, auf Video aufgenommen. Teilnehmer der Studie waren sowohl ältere als auch junge Ehepaare. Die Gespräche und Videoaufnahmen wurden anschließend genau analysiert. Nach dem Standpunkt ihres Ehepartners befragt, äußerten sich ältere Ehepaare wesentlich positiver als jüngere. Interessanterweise beurteilten ältere Ehepaare ihren Partner sogar positiver als unabhängige Beobachter. Positive soziale Kontakte wirken sich günstig auf unser emotionales Wohlbefinden aus, selbst unsere geistige Leistungsfähigkeit profitiert davon. Nach einer Hirnblutung regenerieren sich Gedächtnis und Konzentrationsvermögen bei Menschen mit einem großen sozialen Netzwerk beispielsweise schneller als bei sozial weniger eingebundenen Menschen. Es konnte nachgewiesen werden, dass die geistigen Fähigkeiten bei älteren Männern, die schon eine Reihe von Jahren allein lebten, schneller nachließen als bei Männern, die mit jemandem zusammenlebten.

Soziale Beziehungen haben nicht nur gute Auswirkungen auf Senioren, Senioren haben auch einen guten Sinn für soziale Beziehungen. Wissenschaftler der Universität von Michigan konnten nachweisen, dass über 60-Jährige Konflikte zwischen verschiedenen Gruppen besser verstehen und bessere Lösungsvorschläge vorbringen als unter 60-Jährige. Drei Teilnehmergruppen waren miteinander verglichen worden: eine jüngere Gruppe von 25- bis 40-Jährigen, eine mittlere Gruppe im Alter von 41 bis 60 Jahren und eine ältere Gruppe von über 60-jährigen (im Durchschnitt 70-jährigen) Probanden. Man hatte die Teilnehmer dazu aufgefordert, über eine Reihe fiktiver Situationen nachzudenken, in denen eindeutig ein Konflikt zwischen Personengruppen vorlag. Eines der Beispiele ist folgende Geschichte über Immigrationsprobleme: Viele Kirgisen sind, angelockt vom starken Wirtschaftswachstum, nach Tadschikistan ausgewandert. Diese kirgisischen Immigranten versuchen, ihre eigene Lebensweise und ihre eigenen Lebensgewohnheiten beizubehalten. Die Tadschiken dagegen hätten es gern, dass sich die Neuankömmlinge völlig anpassen und ihre eigenen Gewohnheiten und Bräuche aufgeben. Die Teilnehmer der Studie wurden gefragt: «Was meinen Sie, wie sich die Lage entwickeln wird?» und «Warum meinen Sie, dass sie sich so entwickeln wird?» Die Antworten auf diese Fragen wurden von einem Expertengremium nach Kriterien beurteilt, die zum einen auf Literatur zu Erkenntnisfähigkeit und Weisheit basierten, zum

anderen von einem Panel professioneller Berater und Wissenschaftler empfohlen worden waren, das sich mit Erkenntnisfähigkeit und Weisheit befasst hatte. Um die soziale Kompetenz des Probanden unter Beweis zu stellen, mussten seine Antworten auf eine oder mehrere folgender Fähigkeiten hinweisen:
- sich in die Perspektive von Menschen einfühlen können, die an dem Konflikt beteiligt sind;
- einen Blick für Veränderungsmöglichkeiten der Situation haben;
- flexibel im Durchdenken mehrerer möglicher Entwicklungen des Konflikts sein;
- erkennen, dass vieles unsicher und unser Wissen begrenzt ist;
- nach einer Lösung des Konflikts oder nach einem Kompromiss suchen.

Von den verschiedenen Teilnehmergruppen der Studie (jung, mittleres Alter, alt) erreichten die älteren Teilnehmer die höchste Punktzahl in Hinblick auf soziale Kompetenz. Auf die Immigrationsgeschichte der nach Tadschikistan ausgewanderten Kirgisen reagierte ein älterer Teilnehmer beispielsweise wie folgt:[4] «Zum einen könnten die Tadschiken den Kirgisen ihre Gewohnheiten lassen, zum anderen könnten sie unterstützende Aktionen starten, um die Kirgisen zu größeren Integrationsbemühungen zu motivieren. Ohne die jeweiligen Eigenheiten aufzugeben, könnte man nach Möglichkeiten suchen, die Eintracht im Land wiederherzustellen, indem man zum Beispiel bestimmte Bräuche und Sitten miteinander in Einklang bringt.» Aus dieser Antwort spricht eine klare Tendenz zu Kompromisslösungen. Ein jüngerer Teilnehmer meinte dagegen: «Ich bin mir sicher, dass jede Kultur ihre eigenen Sitten und Gebräuche beibehalten wird. Es ist kaum anzunehmen, dass jemand seine Lebensweise ändert, nur weil er in eine andere Region umgezogen ist.» Auch die Fähigkeit, sich in die Perspektive eines anderen hineinzuversetzen, ein weiteres Merkmal sozialer Kompetenz, wurde bei den älteren Teilnehmern der Studie häufiger beobachtet. Beispielhaft dafür ist die folgende Antwort einer älteren Person, die sich ebenfalls auf das Dilemma der Kirgisen in Tadschikistan bezieht: «Letzten Endes werden sich die Leute integrieren, doch das kann durchaus mehrere Generationen dauern. Es wird eine wechselseitige Beeinflussung stattfinden. Aber die einheimische Bevölkerung der Immigrationsländer sieht von ihrem eigenen Standpunkt aus nur die Veränderungen, die von den Neuankömmlingen in ihrem Land verursacht werden. Für sie liegt es nicht unbedingt nahe, die Situation aus einem anderen möglichen Blickwinkel zu betrachten. Dagegen könnten die Immigranten befürchten, dass sich ihre Kinder nun anders entwickeln, als sie es in ihrem Herkunftsland getan hätten.» Bei den jüngeren Teilnehmern deuteten weniger Aussagen darauf hin, dass sie die Perspektive einer der Parteien eingenommen hätten. Als Beispiel zitiere ich eine Antwort eines jüngeren Teilnehmers: «Vermutlich wird sich eine ähnliche Situation wie in den Vereinigten Staaten ergeben: Wer nur die Wirtschaft im Blick hat, will die Immigration fördern; die Traditionalisten dagegen wollen die Immigration einschränken und gesetzlich verankern, dass nur die Landessprache gesprochen werden darf. Auf die Politik wird ein großer Druck ausgeübt werden, und wahrscheinlich wird es dann einen linken oder rechten Führer geben, der für bzw. gegen die Immigranten kämpft.»

Da die Wissenschaftler bei den älteren Teilnehmern systematisch mehr Aussagen fanden, die auf soziale Kompetenz hinweisen, zogen sie den Schluss, dass ältere Menschen in der Frage komplexer sozialer Situationen besser argumentieren können. Daher empfehlen sie, in der Rechtsprechung sowie in Beratungen und Verhandlungen, in denen Konfliktlösungen zwischen gesellschaftlichen Gruppen gefunden werden müssen, ältere Menschen hinzuzuziehen.

Wichtige Erkenntnisse

- Im Alter haben wir weniger Schwierigkeiten mit negativen Gefühlen. Ältere Menschen sind ausgeglichener und können besser mit ihren Gefühlen umgehen.
- Im Alter von 60 oder mehr Jahren fühlen sich Menschen glücklicher als zwischen 20 und 40.
- Die Chance, auf einen netten Menschen zu treffen, ist bei einer Begegnung mit einer älteren Person größer als bei der Begegnung mit einem 20-Jährigen.
- Bei über 70-Jährigen können sich häufiger depressive Verstimmungen einstellen als bei Menschen im mittleren Lebensalter. Zu schweren Depressionen kommt es im Alter dagegen seltener.
- Aufgrund ihrer Lebenserfahrung können ältere Menschen komplexe soziale Situationen angemessener erfassen.

3 Graue Zellen

Die Anatomie des Seniorengehirns

Wenn man in Madrid von der sonnenüberfluteten Avenida Dr. Arce das rote Backsteingebäude mit der Hausnummer 37 betritt, müssen sich die Augen erst kurz an die relative Dunkelheit gewöhnen. Hier ist der Sitz des Cajal-Instituts, eines zu Beginn des zwanzigsten Jahrhunderts gegründeten Forschungszentrums für Neurowissenschaften, dessen erster Direktor der Nobelpreisträger Santiago Ramón y Cajal war. Cajal war für seine genauen Zeichnungen von Hirnzellen (Neuronen) und die Entwicklung von Methoden zur exakten Darstellung dieser Zellen berühmt geworden. Sein Werk war bahnbrechend für das Verständnis neuronaler Veränderungen im Laufe des Alterungsprozesses. In der Institutsbibliothek steht Cajals Eichenschreibtisch, an dem er seine mühevolle Kärrnerarbeit verrichtet und zahllose anatomische Zeichnungen angefertigt hat. Diese Zeichnungen werden heute im dortigen Archiv aufbewahrt. Es ist ein ganz besonderes Erlebnis, sich diese Originale anzuschauen: Hier war nicht nur ein wissenschaftliches Genie, sondern auch ein echter Künstler am Werk. Haargenau geben die Zeichnungen Neuronen mit all ihren Fortsätzen wieder. Cajal konnte die Neuronen so präzise darstellen, weil er zur Einfärbung des Hirngewebes chemische Substanzen verwendete, wodurch die Gewebestruktur unter dem Mikroskop deutlich sichtbar wurde. Diese histologische Färbetechnik war kurz zuvor von Camillo Golgi, einem italienischen Arzt und Wissenschaftler, entwickelt worden. Cajal verwendete kleine, dünne Scheibchen Hirngewebe, die von Gehirnen verstorbener Menschen stammten.

Abbildung 10: Neuronen, gezeichnet von Santiago Ramón y Cajal (1852–1934), Nobelpreisträger und Hirnforscher.

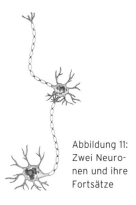

Abbildung 11: Zwei Neuronen und ihre Fortsätze

Mit seinen exakten Beobachtungen warf der Wissenschaftler die bis dahin vorherrschende (und auch von Golgi vertretene) Theorie über den Haufen, das Gehirn bestehe aus einem Geflecht miteinander verbundener Zellen, in dem die Verbindungen wie in einem Spinnennetz konstruiert seien. Cajal entdeckte, dass sich die Ausläufer der Nervenzellen nicht berühren, sondern sich zwischen den Nervenenden ein kleiner Spalt auftut – der sogenannte synaptische Spalt. Neuronen können miteinander kommunizieren, nicht weil sie physisch miteinander verbunden sind, sondern weil chemische Botenstoffe (Neurotransmitter) den Abstand zwischen den einzelnen Neuronen überbrücken.

Diese Stoffe verlassen das eine Neuron und stellen einen Kontakt zum nächsten her, indem sie sich an Rezeptoren in der Zellwand dieses Neurons heften. Man muss sich das in etwa vorstellen wie einen Schlüssel, der in ein Schloss passt. Auf diese Weise geben sie Signale weiter. Jeder Stoff hat seinen eigenen Rezeptor.

Durch Cajals bedeutende Entdeckungen wissen wir heute mehr über die Funktionsweise des Gehirns. Die wechselseitige Kommunikation der Neuronen bildet die Grundlage mentaler Funktionen wie Gedächtnis, Konzentration und Denkvermögen. Gehen wir der Frage nach, was sich beim Altern in unserem Gehirn verändert, so können wir aus Zeichnungen Cajals ersehen, welche Elemente daran beteiligt sind. Abbildung 10 gibt eine solche Zeichnung wieder. Die schwarzen Kügelchen sind die Zellkörper der Neuronen, die man auch als Schaltzentralen bezeichnen könnte. Man sieht aus den Zellkörpern kleine Ausläufer hervortreten, die Dendriten. Die längeren «Fäden» heißen Axone; mit ihrer Hilfe schicken die Neuronen Signale (sogenannte Reize) zu anderen Neuronen. Abbildung 11 zeigt eine vereinfachte Darstellung zweier miteinander in Verbindung stehender Neuronen.

Wie in Abbildung 11 gut zu erkennen ist, besitzt ein Neuron einen einzigen langen Fortsatz, das Axon, und sehr viele Dendriten. Axone sind mit einer fetthaltigen Schicht ummantelt, dem sogenannten Myelin, das die Signalübertragung beschleunigt. Die Regionen des Gehirns, in denen viele Axone zusammentreffen, werden wegen der Farbe der Myelinschicht auch als «weiße Substanz» bezeichnet. Die «graue Substanz» konzentriert sich überwiegend am äußeren Rand des Gehirns, in der Hirnrinde, wo sich die Zellkörper der Neuronen befinden. Auf einem MRT-Scan kann man sehr deutlich die weiße und die graue Substanz in ihrer jeweiligen Färbung sehen.

Neuronen verwenden also Botenstoffe, Neurotransmitter, zur Signalübertragung an andere Neuronen. Die Neurotransmitter vergrößern oder verringern die Chance, dass das betreffende Neuron «depolarisiert», d. h. ein elektrisches Signal vom Zellkern an das Ende des Axons abgibt. Durch diese Aktivität kann ein weiteres Neuron aktiviert und damit ein ganzer Kreislauf in Gang gesetzt werden. Dieser besteht aus Gruppen von (Hunderttausenden) Neuronen, bisweilen aus verschiedenen Hirnregionen, die, wie etwa beim Lesen oder Sprechen, miteinander in Verbindung stehen und zusammenwirken. Cajal hat nachgewiesen, dass Neuronen die Bausteine unseres Gehirns sind, auf denen unsere Hirnaktivität basiert. Das Gehirn besteht aus etwa 100 Milliarden über vier große Regionen verteilte Neuronen: den Frontallappen, den Temporallappen, den Parietallappen und den Okzipitallappen (siehe Abb. 12).

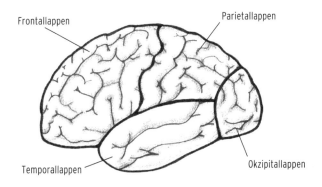

Abbildung 12: Das Gehirn wird in vier Lappen aufgeteilt: den Frontallappen, den Temporallappen, den Parietallappen und den Okzipitallappen.

Was geschieht beim Altern in unserem Kopf? Dass sich überhaupt etwas verändert, kann sicherlich als gegeben vorausgesetzt werden, da sich unsere geistige Leistungsfähigkeit verändert und unsere geistigen Fähigkeiten unlöslich mit der Gehirnanatomie und der Gehirnfunktion verbunden sind. Aber was verändert sich eigentlich genau? Sterben Neuronen ab? Verändert sich etwas an der Form oder der Zusammensetzung des Neuronenzellkerns? Oder setzt die Veränderung an den Fortsätzen oder der Fettschicht um die Axone an, die für eine schnellere Signalweiterleitung sorgt (die sog. Myelinscheide)? Und welche Hirnregion hat unter den Veränderungen am meisten zu leiden? Genügend Fragen, um ein wenig tiefer in die neuroanatomische Forschung einzusteigen. Bevor wir das jedoch tun, müssen wir mehr über die Alterungsprozesse unseres Körpers im Allgemeinen wissen.

Das Altern von Körperzellen

Hirnzellen sind dem gleichen Alterungsprozess unterworfen wie andere Körperzellen. Zahlreiche Studien haben nachgewiesen, dass dabei die Aktivität des Hormons Insulin von großer Bedeutung ist. Insulin ist ein wesentlicher Bestandteil des Stoffwechsels, und ein Jahre währender Stoffwechsel bewirkt den für Alterungsprozesse symptomatischen «Verschleiß». Die Wirkung von Insulin entsteht aus einer Art Kettenreaktion, an der auch andere Stoffe unseres Körpers beteiligt sind, u. a. dem Insulin verwandte Hormone. Dieses Zusammenwirken im Stoffwechselprozess kann als Insulinsystem bezeichnet werden. Eine relativ geringe Aktivität dieses Systems korreliert mit einem längeren Leben. Eine geringe Aktivität des Insulinsystems hängt wiederum mit der geringeren Kalorienaufnahme zusammen. Mit anderen Worten: Wer wenig isst, aber trotzdem täglich eine Portion gesunder Nahrung zu sich nimmt, lebt länger. Dieser Gedanke ist nicht neu, er wurde bereits im zweiten Jahrhundert nach Christus von dem griechischen Arzt Galen (Galenos von Pergamon) als probates Mittel für ein langes Leben formuliert. Auch Alvise Cornaro, ein im 16. Jahrhundert tätiger Arzt, war ein Anhänger dieser Methode. Inzwischen haben zahllose Untersuchungen diese Erkenntnis bestätigt; überprüft wurde sie bislang allerdings nur in Tierversuchen, z. B. bei Mäusen. Eine geringe Kalorienmenge ist auch ein Kennzeichen der Okinawa-Diät, auf die ich später noch näher eingehen werde. Eine geringe Nahrungszufuhr kann also dazu beitragen, gesünder und länger zu leben. Bei manchen Menschen geht das wie von selbst, bei ihnen ist die Neigung, maßvoll zu essen, genetisch bedingt. Der genaue Mechanismus, der dazu führt, dass das Essen mit Maß zu einem längeren Leben beiträgt, ist noch nicht vollständig geklärt. Biologen vertreten die Auffassung, dass in schwierigen Zeiten, in denen ein Organismus wenig Nahrung aufnimmt, eine physiologische Reaktion eintritt, die die Zellen durch eine insulingesteuerte Reduktion der Signalübertragung schützt, um so die Überlebenschancen zu vergrößern. Man könnte es vielleicht auch so ausdrücken: Bei geringerem Zellstoffwechsel tritt weniger Verschleiß auf.[1]

Ein damit zusammenhängender Mechanismus, der beim Alterungsprozess eine wichtige Rolle spielt, ist der «oxidative Stress». Er wird so bezeichnet, weil es sich um Sauerstoffverbindungen handelt, die Druck auf die Zellen ausüben und sie dadurch beschädigen können. Die Verbindungen lagern sich an die Zellen an und wirken sich vor allem auf die DNA, die genetische Zellinformation, schädlich aus. Von oxidativem Stress spricht man, wenn sich eine ungewöhnlich große Menge von Sauerstoffverbindungen bildet. Ein Beispiel dafür sind freie Radikale. Weil diese Verbindungen hauptsächlich beim Atmen entstehen, ist jeder Mensch davon betroffen. Obwohl man lange Zeit davon ausging, dass jeder oxidative Stress für Körperzellen schädlich ist, häufen sich in den letzten Jahren die Hinweise, dass ein gewisses Maß nicht schadet und nur ein hohes Niveau schädlich ist. Viel Essen erhöht den Stoffwechsel und damit den oxidativen Stress, maßvolles Essen hat dagegen eine Schutzwirkung.

Aber nicht allein die Aktivität des Insulinsystems und der oxidative Stress beeinflussen die Alterung unserer Körperzellen, es gibt noch weitere Einflussfaktoren, etwa die im Laufe der Jahre eintretende Beschädigung der Mitochondrien. Mitochondrien sind wesentliche Bestandteile der Zellen, auch der Neuronen, die beim Stoffwechsel eine wichtige Rolle spielen. Daneben spielt auch das Nachlassen der Leistungsfähigkeit unserer Atmungsorgane und des Herzens beim Alterungsprozess eine wesentliche Rolle. Die Blutgefäße verhärten sich und werden dünner. Weil das Gehirn dadurch weniger mit Nährstoffen und Sauerstoff versorgt wird, kann es zur Hypoxie, einer Mangelversorgung des Gewebes mit Sauerstoff, kommen, im schlimmsten Fall sogar zu einer Anoxie, einem vollständigen Fehlen von Sauerstoff, wodurch Zellen geschädigt werden und absterben. Dies kann die Hirnfunktionen unmittelbar beeinträchtigen.

Ein 115 Jahre altes Gehirn

Vor kaum zwanzig Jahren dachten Wissenschaftler noch, beim Altern würden viele Gehirnzellen absterben. Man ging davon aus, dass dieser Prozess bereits mit unserer Geburt einsetzt und insbesondere nach dem 70. Lebensjahr rasch voranschreitet. Neue Forschungen haben jedoch ergeben, dass die meisten Hirnzellen (zumindest wenn keine Hirnkrankheit vorliegt) bis zu unserem Tod einigermaßen oder sogar gut intakt bleiben. Dies war sicherlich beim Gehirn der 115-jährigen Hendrikje van Andel der Fall, das direkt nach ihrem Tod von Neuropathologen des Universitätsmedizinischen Zentrums der Universität Groningen (UMCG) untersucht wurde. Es ist für jeden Menschen etwas Außergewöhnliches, älter als hundert Jahre zu werden, in Hendrikjes Fall gilt dies jedoch umso mehr, als sie bei ihrer Geburt im Jahr 1890 nur 1600 Gramm wog und ihre Überlebenschancen gering waren. Als Kind hatte sie eine schwache Gesundheit. Gleich am ersten Schultag wurde sie krank, worauf ihre Eltern beschlossen, sie nicht mehr in die Schule zu schicken, sondern zu Hause vom Vater, der selbst Lehrer war, unterrichten zu lassen. Später entschied auch sie sich für den Lehrerberuf. Bis zu ihrem 105. Lebensjahr lebte sie noch in der eigenen Wohnung. Danach war das wegen ihrer schwachen Augen nicht mehr möglich. Geistig war sie hellwach und bei klarem Verstand. Durch tägliches Radiohören hielt sie sich eingehend darüber auf dem Laufenden, was in der Welt der Politik und des Sports vor sich ging. Nicht ahnend, wie alt sie werden würde, hatte sie mit 82 Jahren verfügt, dass ihr Körper nach ihrem Tod der medizinischen Forschung zur Verfügung gestellt werden solle. Als sie mit 111 Jahren Kontakt mit dem UMCG aufnahm, um nachzufragen, ob denn ein so alter und gebrechlicher Körper noch von Nutzen sein könne, nahmen die Wissenschaftler das zum Anlass, ihr einen Besuch abzustatten. Sie erklärten ihr, dass eine Untersuchung ihres Körpers für die wissenschaftliche Forschung sehr wohl von großer Bedeutung sein könne, und fragten sie, ob sie sich einer Reihe kognitiver Tests unterziehen wolle. Hendrikje freute sich, auf diese Weise einen Beitrag für die Wissenschaft leisten zu können. Aus den neuropsychologischen Tests, von denen der erste im Alter von 112, der nächste im Alter von 114 Jahren durchgeführt wurde, ging hervor, dass sie ein für ihr Alter noch außergewöhnlich gutes Gedächtnis hatte. Ihre Fähigkeit, Erzählungen im Gedächtnis zu behalten, übertraf sogar die eines durchschnittlichen 70-Jährigen. Sie konnte auch ihre Aufmerksamkeit noch gut fokussieren sowie Gegenstände allein durch Tasten erkennen. Bei der zweiten Messung fiel es ihr etwas schwerer, die Testfragen, die das Arbeitsgedächtnis beanspruchten, zu beantworten und Schlussfolgerungen zu ziehen. Sie zeigte jedoch keine deutlichen kognitiven Störungen und keinerlei Anzeichen von Alzheimer. Dies bestätigte sich bei der Post-Mortem-Untersuchung ihres Gehirns. Das Hirngewebe war bemerkenswert intakt. Anders als bei Alzheimerpatienten gab es nur geringe Eiweißablagerungen, geschrumpfte oder abgestorbene Neuronen waren so gut wie gar nicht zu finden. Es gab nicht die geringsten Hinweise auf eine nennenswerte Arterienverkalkung. Ihre Todesursache war daher auch völlig anderer Natur: Der Übeltäter war ein metastasierter Magentumor. Inzwischen hat die DNA-Forschung nachgewiesen, dass ihr

Erbgut für den guten Zustand, in dem sich ihr Gehirn bis ins hohe Alter erhalten hatte, womöglich mitverantwortlich war: Von einer ganzen Reihe von Genen, die mit Alzheimer in Verbindung gebracht werden, besaß sie immer die jeweils günstigste Variante. Ihre Mutter war 100 Jahre alt geworden, was ebenfalls auf eine erbliche Komponente hindeutet. Für die Groninger Forscher zeigen diese einzigartigen Fakten, dass ein sehr hohes Alter nicht zwangsläufig mit einem starken Abbau des Gehirns oder mit einer Gehirnkrankheit einhergehen muss. Dessen ungeachtet treten auch bei gesunden Menschen im Alterungsprozess Veränderungen im Gehirn auf.

Veränderungen des Gehirns beim Älterwerden

Beim Älterwerden verringern sich in der Regel Gewicht und Volumen des Gehirns. Das Gehirn wächst ungefähr bis zum 21. Lebensjahr. Vor 1975 wurden Jugendliche in der Bundesrepublik Deutschland erst mit 21 Jahren volljährig. Aus neurowissenschaftlicher Sicht ließe sich argumentieren, dass 21 ein weniger willkürlich gewähltes Alter ist als 18 Jahre, denn von Anfang 20 bis Anfang 50 bleibt das menschliche Gehirnvolumen nahezu konstant, obgleich es sich von Mensch zu Mensch unterscheidet. Danach setzt ein langsamer Abbau ein (insgesamt um etwa zehn Prozent). Erst nach dem 80. Lebensjahr lässt sich eine starke Abnahme beobachten. Einige Regionen wie der Frontallappen und der Hippocampus (Abb. 13) sind vom Alterungsprozess stärker betroffen als andere Regionen. Der Abbau ist an einem verringerten Volumen grauer und weißer Substanz sowie an der Aktivität in diesen Gebieten zu erkennen. Der Frontallappen ist für das Planen, das Vorausdenken, das Arbeitsgedächtnis, das Organisieren und die Kontrolle unseres Verhaltens verantwortlich. Den Hippocampus brauchen wir für unser Langzeitgedächtnis, namentlich zum Speichern von Informationen. Für das Aufrufen bereits gespeicherter Information aus dem Gedächtnis ist auch der frontale Cortex wichtig. Auf die Frage, warum alte Menschen oft vergesslich sind, könnte die Antwort also lauten: Ihr Hippocampus ist ein wenig geschrumpft, daher können sie nicht mehr so gut Informationen speichern.

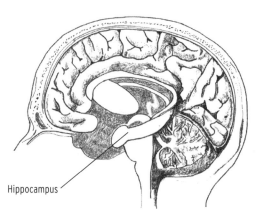

Abbildung 13: Lage des Hippocampus im Gehirn

Große wissenschaftliche Studien, bei denen MRT-Scans zur Messung des Gehirnvolumens eingesetzt wurden, zeigen, dass der vordere Bereich des Gehirns am meisten Volumen verliert, während die hinteren Teile eher verschont bleiben. Einige dieser Studien vergleichen eine Gruppe älterer Menschen (z. B. zwischen 60 und 80 Jahren) mit einer Gruppe jüngerer Menschen (z. B. zwischen 20 und 40 Jahren). Solche Studien sind nicht ideal, weil auch andere, altersunabhängige Unterschiede der beiden Gruppen eine Rolle spielen können. Ältere Menschen haben möglicherweise einen anderen Lebensstil als jüngere, andere soziale Kontakte und andere Ernährungsgewohnheiten, die darauf einen Einfluss haben können. Vom wissenschaftlichen Standpunkt aus ist es überzeugender, ein und dieselbe Personengruppe über einen längeren Zeitraum zu beobachten und beispielsweise alle zehn Jahre mithilfe von MRT-Scans zu überprüfen, wie sich deren Gehirnvolumen verändert hat. So etwas nennt man Longitudinalforschung (Langzeitstudie) – ein langes Wort, das zu der Art dieser Forschung passt.

Die amerikanische Neurologin Susan Resnick, die Leiterin der *Baltimore Longitudinal Study of Aging*, hat eine solche Studie durchgeführt. Sie beobachtete vier Jahre lang 92 Senioren im Alter zwischen 59 und 85 Jahren und kartierte deren Gehirnvolumen mithilfe von MRT-Scans. Nach dem ersten Jahr stellte sie lediglich eine Vergrößerung der Ventrikel fest, der Hohlräume in unserem Gehirn, die mit Hirnflüssigkeit gefüllt sind. Eine Vergrößerung der Gehirnkammern weist auf eine gewisse Schrumpfung des Hirngewebes hin; und das ist auch gar nicht anders möglich, denn das Ganze muss ja schließlich immer noch in dieselbe Gehirnschale passen. Nach zwei und wiederum nach vier Jahren stellte Resnick allerdings auch eine Abnahme des Volumens sowohl der grauen als auch der weißen Substanz fest. Der Abbau grauer Substanz war vor allem im Frontal- und im Parietallappen erkennbar, in geringerem Umfang in den Teilen der Temporallappen, die für das Speichern von Informationen wichtig sind (der Hippocampus befindet sich ebenfalls im Temporallappen). Der hintere Teil des Gehirns, der okzipitale Cortex, war am wenigsten betroffen. Im Gegensatz zur grauen Substanz war die Verringerung der weißen Substanz im gesamten Gehirn nachzuweisen.

Die Abnahme weißer Substanz deutet auf eine Verringerung von Myelin hin, der lipidreichen Umhüllung der Fortsätze, die für die Geschwindigkeit der Übertragung von Nervenreizen maßgeblich ist. Letzteres könnte also für die von mir schon beschriebene verringerte Denkgeschwindigkeit bei Senioren ursächlich sein.

MRT-Studien haben tatsächlich nachgewiesen, dass ältere Menschen, deren Nervenbahnen in der weißen Substanz zwischen den einzelnen Hirnregionen (die «Verkabelung» des Gehirns) nicht mehr so intakt sind, bei neuropsychologischen Tests auch eine verringerte Denkgeschwindigkeit erkennen lassen, etwa beim Symbol-Zahlen-Einsatztest, der in Kapitel 1 besprochen wurde.[2] Andere Studien haben sich ausschließlich mit Veränderungen in der weißen Substanz während des Alterungsprozesses befasst. Ein Befund, der in diesen Studien immer wiederkehrt, betrifft kleine spezifische Schädigungen der weißen Substanz, sogenannte *white matter lesions*, Abweichungen, die ab einem Alter von ungefähr 50 Jahren erkennbar sind. Auf einem MRT-Scan sind sie als kleine, grellweiße Flecken zu sehen. Mit zunehmendem Alter einer Person lassen sich diese kleinen Schädigungen immer häufiger nachweisen. Obwohl die Schäden an der weißen Substanz zunächst nicht sehr gravierend sind, führen sie offenkundig doch zu einer Beeinträchtigung der kognitiven Fähigkeiten, wie unter anderem eine Studie der Universität von Edinburgh nachgewiesen hat. Zu dieser Studie hatte man Teilnehmer im Alter von ca. 78 Jahren eingeladen, um ihr Gehirn einem MRT-Scan zu unterziehen. Das Besondere an dieser Studie war, dass den Forschern Testdaten zu den mentalen Fähigkeiten (wie Gedächtnis und Konzentration) der Probanden im Kindesalter von elf Jahren zur Verfügung standen. Denn die Teilnehmer hatten 1932 an einer regionalen Großstudie, dem *Scottish Mental Survey*, teilgenommen. Diese Studie hatte vier Tests zum schlussfolgernden Denken, zur Denkgeschwindigkeit und zum Gedächtnis enthalten. Neben der Hirnscan-Untersuchung absolvierten dieselben Personen im Alter von 78 Jahren ebenfalls eine Reihe von Tests zu ihren kognitiven Fähigkeiten. Nun stellte sich die spannende Frage: Woraus würden sich mehr Rückschlüsse auf die mentale Leistungsfähigkeit ziehen lassen, aus den Testergebnissen im Kindesalter oder aus den aktuell vorliegenden Schäden an der weißen Substanz? Die Antwort war verblüffend: aus beidem in genau gleichem Maße. Etwa 14 Prozent der aktuellen Leistungen konnte aus den früheren Ergebnissen abgeleitet werden, ebenso etwa 14 Prozent aus den Schäden an der weißen Substanz. Mit anderen Worten: Wer schon als Kind im Test gut abgeschnitten hatte, hatte eine höhere Chance, auch mit 78 Jahren noch gute Ergebnisse zu erzielen. Doch konnten den Probanden Schäden an der weißen Substanz auch einen Strich durch die Rechnung machen, da sie sich negativ auf ihre Leistung in den Gedächtnis- und Denktests auswirkten. Aufschlussreich waren die individuellen Unterschiede: War Gareths Gedächtnis 1932 noch besser als Marys, konnte sich das 67 Jahre später durchaus umgekehrt verhalten, etwa weil seine weiße Substanz geschädigt worden war.

Zurück zur grauen Substanz. Nicht nur das Volumen, auch das Gewicht des Gehirns verringert sich: Im Durchschnitt wird das Gehirn zwischen unserem 50. und 80. Lebensjahr um fünf bis zehn Prozent leichter. Die Furchen in der Hirnrinde erweitern sich, die Windungen (die die graue Substanz enthalten) werden hingegen schmaler. Wenn aber Hirnzellen im höheren Alter nicht massenhaft absterben, wie kann sich dann das Volumen und das Gewicht des Gehirns verringern? Vermutlich teilweise durch Schrumpfung gewisser Gehirnzellen. Auch kleine Fortsätze der Hirnzellen sterben ab, allerdings nicht die Hirnzelle selbst und auch nicht die großen Fortsätze. Daneben kommt es zu einer Verringerung der Synapsen, der Kontaktpunkte zwischen den Neuronen.

Weniger Wachstum von Hirnzellen

Wissenschaftler sind auch nur Menschen: Auch sie hängen mitunter an alten Ideen, von denen sie nur schwer lassen können. In der Hirnforschung war eine dieser hartnäckigen Ideen der Gedanke, ein erwachsenes Gehirn würde keine neuen Hirnzellen mehr produzieren. Bei einem Erwachsenen kämen keine Neuronen hinzu, ihre Anzahl würde vielmehr abnehmen. Diese Überzeugung war so tief verwurzelt, dass jeglicher Hinweis auf die Entstehung neuer Hirnzellen ignoriert wurde. In den vergangenen zwanzig Jahren wurde allerdings der Nachweis für die Neurogenese, das Wachstum neuer Neuronen, erbracht, und zwar so überzeugend, dass sie heute von niemandem mehr ignoriert werden kann. Dieses Wachstum findet vor allem im Hippocampus statt, der Gehirnregion, die für das Lernen und das Gedächtnis von großer Bedeutung ist. Dort werden täglich Tausende von Neuronen gebildet, von denen die meisten allerdings binnen weniger Wochen wieder absterben. Ein solches Neuron hat nur im Zusammenhang mit Lernprozessen eine Überlebenschance. Lernt man etwas

Neues, z. B. das Sprechen einer Fremdsprache oder das Spielen eines Musikinstruments, dann besteht eine große Chance, dass dabei diese neuen Zellen zum Einsatz kommen. Neue Zellen erleichtern es, etwas Neues zu lernen.

Eine interessante Hypothese, die vor kurzem aufgestellt wurde, geht davon aus, dass die Gehirnalterung vor allem mit einer verringerten Neurogenese, also einem verringerten Wachstum von Gehirnzellen und deren Verbindungen, zusammenhängt. Gibt es einen Beweis für diese faszinierende These? Ja, jedenfalls für die These, dass im älteren Gehirn Neurogenese weniger häufig stattfindet. Sie nimmt um bis zu 80 Prozent ab. Im älteren Gehirn sind auch weniger Stammzellen zu finden (Stammzellen sind Zellen, die in der Lage sind, sich in einen anderen Zelltyp zu verwandeln). Nun stellt sich die Frage, ob dies mit der verminderten mentalen Leistungsfähigkeit in Zusammenhang steht. Dies konnte bei Mäusen nachgewiesen werden. Nachdem man körpereigene Stoffe[3] von älteren Mäusen in das Blut jüngerer Mäuse injiziert hatte, wurde eine geringere Neurogenese im Gehirn der jüngeren Mäuse beobachtet. Sie waren auch nicht mehr so geschickt darin, aus einem Labyrinth herauszufinden. Studien zu Wachstumsfaktoren in unserem Körper, die Neurogenese fördern, zeigen, dass diese Wachstumsfaktoren auch die geistige Leistungsfähigkeit älterer Menschen begünstigen. Die Wirkung dieser Wachstumsfaktoren hat also nicht abgenommen, denn sie sorgen noch immer für die Produktion neuer bzw. für die Reparatur beschädigter Zellen. Was allerdings abgenommen hat, ist ihre Menge. Darüber werden wir später mehr erfahren.

Das PASA-Muster

Die Titel wissenschaftlicher Artikel sind für den Laien meist trocken und langweilig. Ganz selten klingt dabei ein wenig Humor an, wie etwa in dem Artikel, den eine amerikanische Forschergruppe unter der Federführung des Neuropsychologen Roberto Cabeza 2008 publiziert hat: *Qué PASA? The Posterior-Anterior Shift in Aging*. Man muss dabei wissen, dass in spanischsprachigen Ländern die Wendung *Qué pasa?* bei jeder passenden und unpassenden Gelegenheit als Eröffnungssatz eines Gesprächs genutzt wird. Eine wörtliche Übersetzung ins Deutsche lautet zwar «Was ist los?», aber der Satz wird eher in der Bedeutung von «Wie geht's?» verwendet. Im Englischen gibt es ein besseres Äquivalent dafür: *What's up?* Was ist also beim Älterwerden mit der Hirnaktivität los? Wie aus dem Titel von Cabezas Artikel hervorgeht, steht «PASA» für *Posterior-Anterior Shift in Aging*, für das Phänomen, dass bei älteren Menschen in den hinteren Gehirnregionen weniger Hirnaktivität als bei jüngeren beobachtet wird, im vorderen Bereich des Gehirns hingegen gerade mehr. Funktionelle MRT-Untersuchungen zu Alterungsprozessen haben in den vergangenen fünfzehn Jahren mittels Hirnscans eindeutige Veränderungen der Hirnaktivität nachgewiesen. In den zahllosen publizierten Ergebnissen taucht bei Älteren, die eine Aufgabe gut bewältigen, immer die PASA auf, die Verlagerung der Hirnaktivität vom rückwärtigen in den vorderen Bereich des Gehirns. In einer der Studien war älteren Teilnehmern von etwa 70 Jahren sowohl eine verbale Gedächtnisaufgabe als auch eine visuelle Wahrnehmungsaufgabe gestellt worden. Dabei handelt es sich um zwei höchst unterschiedliche Aufgabenarten. Die erste aktiviert vornehmlich frontale und temporale, die zweite okzipitale Regionen. Dennoch war bei beiden Aufgaben, verglichen mit jungen Erwachsenen, eine Verlagerung der Hirnaktivität vom hinteren zum vorderen Bereich zu beobachten.

Aber wofür steht das PASA-Muster? Die Ergebnisse verschiedener Studien zeigten, dass es sich dabei um eine *Kompensation* handelt: Bestimmte Hirnregionen werden zusätzlich aktiviert, um die geringere Leistungsfähigkeit in Bezug auf das Gedächtnis, die Konzentration und die Koordination von Denken und Handeln möglichst gut zu kompensieren. Cabezas Studie konnte nachweisen, dass das PASA-Muster bei älteren Menschen, die kognitive Testaufgaben im Scanner bearbeiteten, umso deutlicher zu sehen war, je besser ihre Leistungen waren. Man könnte sagen, dass die vorderen Hirnregionen, die – wie wir bereits gesehen haben – am stärksten von den Auswirkungen des Alterungsprozesses auf Struktur und Funktion des Hirngewebes betroffen sind, alles an Kräften und Anstrengungen aufbieten müssen, um gute Leistungen zu erzielen. Der stärkere Einsatz der vorderen Hirnregion hilft Älteren, ihr Gehirn möglichst effektiv zu nutzen. Bei vielen Senioren geschieht das unbewusst und automatisch, aber es ist gut möglich, dass ein Training kognitiver Fähigkeiten dieses Muster noch steigern kann.

PASA ist nicht das Einzige, was älteren Menschen zur Steigerung ihrer mentalen Leistungsfähigkeit zur Verfügung steht. Ein anderes bei Senioren häufig zu beobachtendes Muster stellt die Verringerung der Asymmetrie der Hirnaktivität dar.[4] Unter Asymmetrie ist die unterschiedlich starke Aktivität der beiden Gehirnhälften zu verstehen.

Bei Sprachaufgaben beispielsweise ist in der Regel die linke Gehirnhälfte stärker beteiligt. Beim Hören von Musikstücken, die das Gefühl ansprechen, wird bei den meisten Menschen dagegen die rechte Gehirnhälfte aktiver sein. In Dutzenden von Studien wurde nachgewiesen, dass die Asymmetrie der Gehirnaktivität bei älteren Menschen zurückgeht. Der gleichmäßigere Einsatz beider Gehirnhälften betrifft vor allem den Frontallappen. So zeigte eine Reihe von Studien, dass bei jungen Menschen, die eine Arbeitsgedächtnisaufgabe zu lösen hatten, vor allem die rechte Gehirnhälfte aktiv war, während bei älteren ein bilaterales (beide Gehirnhälften beanspruchendes) Muster sichtbar wurde. Umgekehrt ebenso: Waren Sprachaufgaben zu lösen, war bei jungen Menschen vor allem die linke Gehirnhälfte aktiv, bei Älteren hingegen zeigte die linke Gehirnhälfte weniger Aktivität, die rechte dafür umso mehr. Handelt es sich beim gleichmäßigen Einsatz beider Gehirnhälften ebenfalls um eine Kompensation oder um einen anderen allgemein auftretenden Effekt des Alterungsprozesses? Etwa jenen, dass Hirnregionen in geringerem Umfang für spezifische Aufgaben zuständig sind und umfassender zum Einsatz kommen? Mit anderen Worten: Könnte eine Hirnregion, die bei jüngeren Menschen in erster Linie für Sprache zuständig ist, bei älteren auch das Arbeitsgedächtnis unterstützen? Kleine Regionen wären dann im Einsatz weniger auf bestimmte Aufgaben spezialisiert, wodurch sich das Aktivitätsmuster stärker auf das gesamte Gehirn ausbreiten würde.

Die Forschungsergebnisse weisen auf eine Kompensation hin: Ältere Menschen, die keine Verschiebung zu einer gleichmäßigeren Aktivität beider Gehirnhälften erkennen lassen, erzielen, beispielsweise bei Gedächtnisaufgaben,

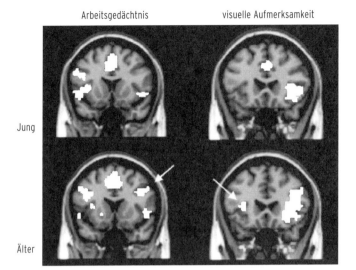

Abbildung 14: Ältere Menschen nutzen stärker als jüngere beide Gehirnhälften. Die rechte Gehirnhälfte unterstützt das Arbeitsgedächtnis (siehe Pfeil), die linke Gehirnhälfte das Fokussieren der Aufmerksamkeit auf visuelle Reize (z. B. auf Bilder, die an verschiedenen Stellen auf einem Monitor auftauchen können).

schlechtere Ergebnisse als Ältere, deren Gehirn eine verringerte Asymmetrie zeigt. In einer Studie wurde das eindeutig nachgewiesen. Man konnte aufgrund der Gehirnaktivität beim Erinnern früher gelernter Informationen drei Gruppen unterscheiden: junge Erwachsene, die vornehmlich den rechten frontalen Cortex aktivierten, ältere Menschen, die ebenfalls vornehmlich den rechten frontalen Cortex aktivierten, und ältere Menschen, bei denen der rechte frontale Cortex in geringerem Umfang arbeitete, der linke frontale Cortex jedoch in stärkerem Maße aktiv war. (Bei ihnen zeigte sich also ein geringeres Asymmetriemuster.) Und welche der beiden Seniorengruppen löste die

Aufgabe am besten? Man würde erwarten, die Seniorengruppe, die das gleiche Muster aufwies wie jüngere Menschen (die erwartungsgemäß die Aufgabe sehr gut bewältigten). Doch das Gegenteil war der Fall: Die ältere Gruppe, die eine geringere Asymmetrie der Gehirnaktivität zeigte, brachte bessere Ergebnisse zustande als die ältere Gruppe, die dasselbe Muster wie die jüngere Gruppe aufwies. Das ist ein starker Hinweis darauf, dass eine Verringerung der Asymmetrie eine Art von Kompensation darstellt. Wie diese Kompensation genau vonstattengeht, muss noch eingehender untersucht werden. Es ist gut möglich, dass es sich dabei um eine Reorganisation neuronaler Netze handelt: um Hirnregionen, die in einer veränderten Kombination besser zusammenarbeiten.

Ein aufgeräumtes Gehirn

Wie lässt sich dann erklären, dass einige Senioren kognitiv weiterhin wesentlich leistungsfähiger sind als andere? Der niederländische rechtsliberale Politiker und ehemalige EU-Wirtschaftskommissar Frits Bolkestein schrieb mit 77 Jahren ein Buch mit dem Titel *De intellectuele verleiding* (Die intellektuelle Verführung), nach Meinung einiger Rezensenten sein bestes Buch. Nun gibt es in diesem Alter auch Menschen, die nicht einmal mehr die Konzentration dazu aufbringen, ein solches Buch auch nur zur Hand zu nehmen. Um diesen auffallenden Unterschied zwischen älteren Menschen zu erklären, entwickelten Forscher die *Hirnreserve-Hypothese*. Sie besagt, dass unser Gehirn eine bestimmte Reservekapazität hat, die aufgrund von genetischen und Umweltfaktoren von Mensch zu Mensch variiert. Wie müssen wir uns diese Reservekapazität vorstellen? Sie hat zwei Seiten: die strukturelle und die funktionale Kapazität. Erstere steht mit der Menge an intaktem Hirngewebe und den Verbindungen zwischen den Hirnregionen (mit der Hirnstruktur) in Zusammenhang, Letztere mit der Leistungsfähigkeit dieser Hirnregionen (der Hirnaktivität). Anhand eines einfachen Beispiels lässt sich der Unterschied illustrieren: Angenommen, man besitzt einen Schuppen, der bis zur Decke mit allem möglichen Kram vollgestellt ist. Man beschließt, einen Teil der Sachen auf dem Dachboden unterzubringen, weil die Kapazität des Schuppens nicht mehr ausreicht. Der Dachboden ist die Reservekapazität. Sie ist strukturell, denn es handelt sich um einen zusätzlichen Raum; die Reservekapazität ist von einer zusätzlichen materiellen Struktur abhängig. Allerdings wäre es auch möglich, den Schuppen besser einzuteilen und die Sachen so umzusortieren, dass wieder Platz frei wird. Meine Frau führt mir das alljährlich vor Augen, wenn ich versuche, das Auto für den Urlaub zu packen. Dieses Vorgehen lässt sich mit der funktionalen Reservekapazität vergleichen: Durch den Einsatz einer anderen Einräumstrategie wird (bereits vorhandener) Raum frei geräumt. Handelt es sich bei älteren Menschen, die kognitiv noch gute Leistungen erzielen, um Menschen mit einer funktionalen Reservekapazität? Zweifellos, denn die höhere Aktivität der frontalen Hirnregionen (der PASA-Effekt) und die stärkere Nutzung beider Gehirnhälften stehen exemplarisch dafür. Für die strukturelle Reservekapazität gilt: Ein unbeschädigter Hippocampus wird sicherlich zu ihrer Steigerung beitragen, hingegen werden Eiweißablagerungen, die sich beim Alterungsprozess bilden können, die Kapazität verringern. Auch das Wachstum neuer Neuronen, die Neurogenese, stellt ein wichtiges Element der strukturellen Reservekapazität dar. Demjenigen, der seine kognitive Leistungsfähigkeit möglichst lange erhalten will, wäre also wohl zu empfehlen: Tu etwas für die Reservekapazität deines Gehirns! Ob und wie das möglich ist, werden wir später sehen.

Wichtige Erkenntnisse

- Ein sehr hohes Lebensalter geht nicht immer mit einem starken Abbau des Gehirns einher.
- Zwischen dem 50. und dem 80. Lebensjahr nimmt das Volumen unseres Gehirns um zehn Prozent ab. Zugleich wird es um fünf bis zehn Prozent leichter.
- Der frontale Cortex (Planen, Arbeitsgedächtnis, Organisieren) und der Hippocampus (Langzeitgedächtnis, Speichern von Informationen) werden von den Veränderungen beim Älterwerden am stärksten in Mitleidenschaft gezogen.
- Der Abbau der weißen Substanz hat eine Abnahme der Denkgeschwindigkeit zur Folge.
- Auch in älteren Gehirnen bilden sich neue Neuronen (Neurogenese). Jüngste Forschungen haben jedoch nachgewiesen, dass die Menge der Neubildungen um 80 Prozent abnimmt.
- Ältere Menschen nutzen, verglichen mit jüngeren, den vorderen Bereich ihres Gehirns stärker als den hinteren; dies dient der Kompensation des Abbaus.
- Ältere Menschen nutzen auch häufiger beide Gehirnhälften gleichzeitig.

4 Vergesslichkeit oder Demenz

Wo liegt die Grenze und was kann man selbst dagegen tun?

Menschen mit einem älteren Angehörigen werden es erkennen: Eines Tages fällt auf, dass Oma doch ziemlich oft dasselbe sagt. Sie begreift auch nicht recht, von wem gerade die Rede ist, wenn es um den neuen Freund der Schwester geht, obwohl man es ihr erst vor einer halben Stunde haarklein erzählt hat. Insgeheim überkommt einen der Gedanke: Sie wird doch nicht dement werden?

Wo liegt die Grenze zwischen Vergesslichkeit und beginnender Demenz? Diese Frage stellen sich viele Menschen, vor allem, wenn sie die 60 hinter sich gelassen haben. Man weiß nicht mehr, wo man die Autoschlüssel hingelegt hat. Schon zum zweiten Mal in einer Woche muss man länger als fünf Minuten danach suchen. Barbara Strauch, Wissenschaftsredakteurin der *New York Times*, schreibt in einem ihrer Bücher,[1] dass sie in den Keller geht, um etwas zu holen, doch kaum dort angekommen, sich nicht mehr erinnern kann, warum sie hier steht. Fünf Minuten lang blickt sie sich suchend um. Panik kommt auf. Lässt ihr Gedächtnis sie jetzt schon im Stich? Sie ist erst 56. Sie beschließt, nicht aufzugeben, sondern noch einmal angestrengt nachzudenken. Aber sie kann sich absolut nicht mehr erinnern, was sie hier wollte. Erst als sie wieder in der Küche steht und den leeren Küchenkrepphalter sieht, fällt der Groschen. Strauch schreibt diesen «Gedächtnisausfall» ihrem Alter zu. Ihr ist schon klar, dass sie eine von vielen ist und dass dies kein Anzeichen für einen krankhaften Abbau sein muss.

Aus eigener Erfahrung weiß ich, dass derlei Aussetzer des Gedächtnisses schon vom 30. Lebensjahr an regelmäßig auftreten können. Ich mache mir darüber (noch) keine Gedanken. Vermutlich kommt es daher, dass ich zu viel gleichzeitig erledigen möchte. Die Forschung hat nachgewiesen, dass Menschen über 30 Jahren Gedächtnisaussetzer eher ihrem hektischen Leben zuschreiben, während über 50-Jährige dieselben Probleme auf das Älterwerden zurückführen. Das Gedächtnis der meisten Menschen zwischen 50 und 60 ist noch hervorragend, obwohl sie sich dessen nicht immer sicher sind.

Trotzdem kann der Moment kommen, in dem einem selbst oder anderen auffällt, dass die eigenen geistigen Fähigkeiten (Gedächtnis, Konzentration, Denkvermögen) stärker als normal nachlassen. Ärzte und Psychologen bezeichnen das als «leichte kognitive Beeinträchtigung», im Englischen *mild cognitive impairment,* was als MCI bzw. in deutscher Fassung als LKB abgekürzt wird. In den vergangenen zehn Jahren hat dieses Forschungsfeld einen enormen Aufschwung erlebt. Wie kann man MCI feststellen? Wann muss man anfangen, sich Sorgen zu machen? Gibt es nachweisbare Veränderungen im Gehirn, die auf eine beginnende Demenz hinweisen? Welche Arten von Demenz lassen sich unterscheiden und auf welche Weise schädigen sie das Gehirn?

Diagnose MCI

Gerard macht sich Sorgen um seine Frau Esther. Sie ist erst 58, aber in den letzten Monaten scheint ihr Gedächtnis immer schlechter zu werden. Sie erzählt regelmäßig Geschichten, die sie am selben Tag schon einmal erzählt hat. Absprachen über kleine, alltägliche Dinge, etwa ein paar Einkäufe zu erledigen oder den Zahnarzt anzurufen, hält sie nicht ein, weil sie ihr entfallen sind. Auch sie selbst hat das Gefühl, sich nicht mehr richtig auf ihr Gedächtnis verlassen zu können. Vor kurzem hat sie sich mehrmals in der Stadt verlaufen, obwohl sie früher nie irgendwelche Orientierungsprobleme hatte. Manchmal macht sie einen verwirrten Eindruck und leidet dazu noch unter Schlafstörungen. Selbst nach der Einnahme von Medikamenten schläft sie nachts nur wenige Stunden. Der Hausarzt überweist sie ins Krankenhaus, wo sie zusammen mit ihrem Mann ein Gespräch mit einem Geriater hat. Der Geriater veranlasst einen Hirnscan, auf dem aber nichts Ungewöhnliches zu sehen ist. Esther kann auch noch gut die Namen von Bekannten zuordnen. Nur wenn sie jemanden einige Wochen nicht gesehen hat, fällt es ihr bisweilen schwer, auf den entsprechenden Namen zu kommen. Sie hat keine Probleme mit dem Datum und weiß, wo sie sich gerade befindet. Auch ihre Arbeit kann sie noch bewältigen, obwohl alles ihr schwerer fällt als früher. Gerard berichtet dem Geriater, dass sie sich im vergangenen Halbjahr verändert hat: Manchmal scheint sie Schwierigkeiten zu haben, alles aufzunehmen, zu verstehen und gut zurechtzukommen. Er hat Angst, sie könne an einer beginnenden Demenz leiden, und möchte wissen, ob Medikamente diesen Prozess möglicherweise verzögern können. Der Geriater stellt die Diagnose «leichte kognitive Beeinträchtigung» bzw. MCI. Sie kann ein Vorstadium der Alzheimerkrankheit sein, führt jedoch nicht in allen Fällen zu ihrem Ausbruch. Er gibt Gerard und Esther einige Ratschläge, macht aber auch klar, dass gegen MCI kein Kraut gewachsen ist.

Wenn Sie überprüfen wollen, inwieweit bei Ihnen Anzeichen von MCI auftreten, können Sie auf folgende Symptome achten:
- Vergessen Sie Dinge häufiger als normal?
- Vergessen Sie wichtige Angelegenheiten wie Verabredungen, Geburtstage und Einladungen (nicht einmal, sondern regelmäßig)?
- Verlieren Sie in einem Gespräch, beim Lesen eines Buchs oder beim Anschauen eines Films regelmäßig den roten Faden?
- Fühlen Sie sich immer öfter nicht in der Lage, Entscheidungen zu treffen und Schritte zu planen, die notwendig sind, um bestimmte Aufgaben zu erledigen?
- Fällt es Ihnen zunehmend schwerer, sich in einer bekannten Umgebung zu orientieren?
- Reagieren Sie impulsiver und können manche Situationen weniger gut einschätzen?
- Fallen diese Veränderungen auch Ihrer Familie und Ihren Freunden auf?
- Sind folgende Stimmungsschwankungen und Verhaltensänderungen zu beobachten?
  - depressive Verstimmungen
  - schnelle Gereiztheit und Aggressivität
  - Ängstlichkeit
  - Apathie

Nicht jedes dieser Symptome muss bei Ihnen auftreten. Es geht darum, dass es eindeutige kognitive Probleme gibt und diese in den vergangenen Monaten vermehrt aufgetreten sind. Zu Hause und am Arbeitsplatz gelingt es Ihnen noch, zurechtzukommen, aber Ihrem unmittelbaren Umfeld fällt auf, dass Sie Gedächtnisprobleme haben oder dass es Ihnen größere Schwierigkeiten bereitet, den Überblick zu behalten. Wenn Sie eine Reihe dieser Merkmale erkennen, muss das nicht unbedingt heißen, dass Sie MCI haben. Diese Diagnose kann nur von einem Fachmann (einem Geriater, Neurologen oder Neuropsychologen) gestellt werden. Es ist jedoch ratsam, das Gespräch mit dem Hausarzt zu suchen, um zu sehen, ob eine Überweisung für weitere Untersuchungen erforderlich ist.

Wie schneiden Menschen mit MCI bei Tests zur Messung mentaler Fähigkeiten ab? Diese neuropsychologischen Tests werden nicht immer durchgeführt, um die Diagnose MCI zu stellen, obwohl das angebracht wäre, weil sie Klarheit über den Umfang bringen, in dem die geistigen Fähigkeiten noch intakt sind. Spezialkliniken und -ambulanzen setzen durchaus solche Tests ein. Mithilfe einer umfangreichen Testreihe werden verschiedene geistige Fähigkeiten kartiert: Gedächtnis, Konzentrationsvermögen (Neuropsychologen bezeichnen es als «Aufmerksamkeit»), Wahrnehmung, Denkgeschwindigkeit sowie die exekutiven Funktionen, d. h., die Fähigkeit, zu planen, die Übersicht zu behalten, abstrakt zu denken, mental flexibel zu sein und unterschiedliche Informationen gleichzeitig verarbeiten zu können. Man könnte erwarten, dass bei solchen Tests die Leistungen von Menschen mit MCI genau zwischen denen gesunder Altersgenossen und denen von Demenzpatienten liegen. Diese Annahme wurde auch durch

Studien bestätigt, die verschiedene Personengruppen mit und ohne MCI verglichen. Dennoch ist es möglich, dass die Gedächtnisleistung einer Person trotz MCI normal ist. Besser gesagt, noch normal. In diesen Fällen handelt es sich um Personen, deren ursprüngliches Gedächtnisvermögen über dem Durchschnitt der Bevölkerung lag. Selbst bei einem überproportionalen Abbau liegen ihre Leistungen dann noch immer im Normalbereich. Wie etwa im folgenden Fall: Der 40-jährige Pieter hat einen Fünfzehn-Wörter-Gedächtnistest gemacht und nach einer Viertelstunde noch dreizehn von fünfzehn vorgelesenen Wörtern behalten. Das ist ein sehr gutes Ergebnis. Das Testergebnis wird jedoch nirgendwo festgehalten, und auch Pieter weiß später nicht mehr, dass er diesen Test überhaupt gemacht hat und mit welchem Ergebnis. Inzwischen sind 25 Jahre vergangen. Pieter hat Gedächtnisprobleme, die auch von seiner Frau bestätigt werden. Er macht den Fünfzehn-Wörter-Test und erinnert sich nach einer Viertelstunde noch an sieben Wörter. Das ist ein durchschnittliches Ergebnis. Dennoch hat sein Gedächtnis überproportional nachgelassen, denn seine Altersgenossen erinnern sich im Schnitt an drei Wörter weniger als mit 40 Jahren, bei Pieter jedoch sind es sechs weniger. Leider sind von den meisten Menschen keine Ergebnisse aus früheren Gedächtnistests bekannt, wenn sie sich zum ersten Mal mit ihren Gedächtnisproblemen an einen Arzt oder eine Gedächtnisambulanz wenden. Deshalb spielen auch die subjektiven Gedächtnisprobleme in der MCI-Diagnose eine wichtige Rolle, vor allem wenn sie von jemandem bestätigt werden, der den Patienten aus nächster Nähe miterlebt.

Gedächtnisprobleme stehen bei MCI im Vordergrund. Sie gilt es, besonders im Auge zu behalten, weil eine Verschlechterung der Gedächtnisleistung auf die Entwicklung einer Demenz hinweisen kann. Bei einem Gedächtnistest, in dem man sich eine kurze Geschichte merken muss, unterlaufen Menschen mit beginnender Demenz schon unmittelbar im Anschluss an das Vorlesen etliche Fehler beim Erinnern der Informationen. Die Forschung konnte nachweisen, dass dies vor allem auf einen Konzentrationsmangel beim Zuhören zurückgeht, wodurch die Informationen nicht gut gespeichert werden. Gedächtnisprobleme sind nicht die einzigen mentalen Probleme, die bei MCI auftreten. Es gibt auch Störungen der mentalen Flexibilität, etwa bei einem Wechsel von Zahlen und Buchstaben in einer Reihe: 1 – a – 2 – b usw. Menschen mit MCI haben größere mentale Schwierigkeiten als gesunde ältere Menschen, zwischen unterschiedlichen Kategorien wie Buchstaben und Zahlen hin- und herzuspringen.

Und wie steht es mit der Denkgeschwindigkeit, die, wie wir bereits gesehen haben, eine der Fähigkeiten ist, die beim Altern am schnellsten nachlässt? Die Denkgeschwindigkeit lässt bei vielen MCI-Patienten schneller nach als bei gesunden Senioren. Eine australische Studie hat nachgewiesen, dass eine verminderte Leistung im Buchstaben-Symbol-Test, einem Test für die Messung von Denkgeschwindigkeit, bereits vier Jahre vor dem Ausbruch von MCI zu beobachten war. In dieser Studie wurden gut zweitausend 60- bis 64-Jährige vier Jahre lang beobachtet. Aus dieser Gruppe zeigten 64 Personen einen deutlichen mentalen Abbau. Ein Gedächtnisworttest und ein Denkgeschwindigkeitstest haben Werte von prophetischer Aussagekraft ermittelt: Eine niedrigere Leistung bei der ersten Messung war oft ein Anzeichen für den späteren Abbau.

Gehirnveränderungen bei MCI

Gedächtnisleistungen erbringt nicht nur ein spezifischer Teil des Gehirns. Dennoch gibt es einige Regionen, die für das Gedächtnis von besonderer Bedeutung sind. Am wichtigsten sind vermutlich der Hippocampus, dem wir bereits früher begegnet sind, und die ihn umgebende Hirnrinde im Temporallappen. Der Hippocampus ist ein entscheidender Bestandteil des Netzwerks von Hirnregionen (zu dem auch die präfrontale Hirnrinde zählt), das an unserem Gedächtnis beteiligt ist. Es ist also kein Wunder, dass sich Hirnforscher bei MCI-Betroffenen die Struktur und Aktivität des Hippocampus vorgenommen haben. Dabei wurde einer naheliegenden Frage nachgegangen: Ist der Hippocampus beschädigt? Funktioniert er nicht mehr richtig?

Der Hippocampus setzt sich aus Millionen von Hirnzellen zusammen. Messungen der vorhandenen Menge an grauer Substanz mithilfe von MRT-Scans können Aufschluss über einen möglichen Zusammenhang zwischen dem Abnehmen der grauen Substanz und der Entstehung von Alzheimer geben. In einer neueren Studie wurden die Daten aus sechs früheren Langzeitstudien zueinander in Beziehung gesetzt. In diesen Studien war über mehrere Jahre hinweg der Schwund der Hippocampusgröße bei Menschen mit MCI, die später Alzheimer entwickelten, sowie bei Menschen mit MCI, die nicht an Alzheimer erkrankten, beobachtet worden. Die Forscher hatten übrigens auch andere Hirnstrukturen untersucht. Der Hippocampus (und die umgebende Hirnrinde) erwies sich jedoch als die einzige Hirnstruktur, bei der sich ein Zusammenhang zwischen

MCI und einer späteren Alzheimererkrankung zuverlässig ermitteln ließ. Das heißt, man konnte anhand der MRT-Scans im Nachhinein belegen, dass ein Schwund der grauen Substanz im Hippocampus ein paar Jahre später mit der Entwicklung von Alzheimer einherging. In einer Studie des Institute of Psychiatry in London unter 103 Personen mit MCI schenkte man weniger einer Verringerung seines Volumens Aufmerksamkeit, sondern stärker den Formveränderungen des Hippocampus; denn durch die bei Alzheimer auftretenden Veränderungen im Hirngewebe verändert sich auch die Form des Hippocampus. Das konnte mit einem Computerprogramm gemessen werden. Eine abnorme Form des Hippocampus korrelierte in 80 Prozent der Fälle mit der Entwicklung von Alzheimer im Jahr darauf.

Neben grauer und weißer Substanz gibt es andere wichtige Substanzen im Gehirn, die für den Stoffwechsel und die Reizübertragung eine Schlüsselrolle spielen. Mit einer speziellen MRT-Technik, der Magnetresonanzspektroskopie (MRS), kann man auf Scanbildern auch die Konzentration einer ganzen Reihe derartiger Stoffe messen. Gemeinsam mit einem Forscherkollegen habe ich alle mit MRS durchgeführten Studien im Hinblick auf Unterschiede zwischen älteren Menschen mit MCI und gesunden älteren Menschen verglichen. Wir fanden heraus, dass vor allem im Hippocampus ein Rückgang von Substanzen zu beobachten ist, die für einen guten Stoffwechsel benötigt werden.[2] Bei einer Alzheimererkrankung, so war bereits früher nachgewiesen worden, ist dieser Rückgang noch viel stärker. Ferner lässt sich aus Studien ablesen, dass ein wichtiger Botenstoff im Gehirn, das Acetylcholin, beim Älterwerden abnimmt. Dieser Botenstoff spielt unter anderem beim Lernen und Erinnern eine Rolle, aber auch bei der Muskelsteuerung. Bei der Alzheimerkrankheit sind die Acetylcholin produzierenden Neuronen beschädigt, sodass der Acetylcholinspiegel stark gestört ist. Daher sollen Medikamente gegen Alzheimer die Neurotransmitter aktivieren und imitieren.

Ein anderes wichtiges Phänomen, das im älteren Gehirn zu beobachten ist, sind die sogenannten «Tangles» und «Plaques» im Hirngewebe. Tangles sind Knäuel nicht funktionierender Transporteiweiße (fadenförmige Röhrchen in den Neuronen), Plaques verhärtete Anhäufungen von Eiweißfragmenten. Bei der Alzheimerkrankheit sind diese Eiweiße abnorm und fördern einen Abbau der Hirnfunk-

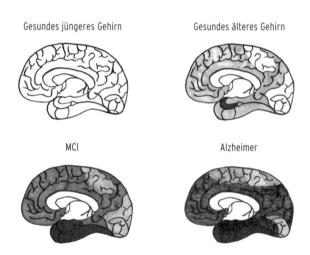

Abbildung 15: Tangles und Plaques sind im Gehirn von jungen Erwachsenen (links oben) nicht vorhanden, nehmen beim normalen Altern leicht zu (rechts oben), sind nachdrücklicher vorhanden bei MCI (möglicherweise einem Vorstadium von Alzheimer), und zwar vor allem im Temporallappen (links unten), und sie sind allgegenwärtig im Gehirn von Menschen, die an Alzheimer erkrankt sind (rechts unten). Je dunkler die Färbung, desto mehr Tangles und Plaques sind vorhanden.

tionen. Die Ursache dafür ist nicht genau bekannt. Wir wissen nur, dass es sich um genetische Einflüsse handelt.[3]

Abbildung 15 illustriert den jeweiligen Grad der Ausbreitung von Plaques, Tangles und Neuronenverlust beim normalen Alterungsprozess, beim Vorstadium von Alzheimer (MCI) und nach Ausbruch der Alzheimererkrankung.

Die Abbildung rechts oben zeigt schematisch das Gehirn eines 80-Jährigen, der wenig kognitive Probleme hat; die Abbildung links unten das Gehirn einer Person, die wohl Gedächtnisprobleme, aber keine Demenz hat, und die Abbildung rechts unten das Gehirn einer Person mit einem für die Diagnose Demenz charakteristischen starken Gedächtnisrückgang. Dabei sticht nicht nur ins Auge, dass, je mehr Plaques, Tangles und Gebiete mit Neuronenverlust vorhanden sind, der Rückgang der kognitiven Funktionen umso gravierender ausfällt, sondern dass es sich auch um verschiedene betroffene Bereiche im Gehirn handelt: Bei MCI ist vor allem der Hippocampus betroffen, während bei Alzheimer ein viel größerer Teil des Gehirns angegriffen ist. Außerdem treten bei Alzheimer oft Entzündungen im Hirngewebe auf, was beim normalen Alterungsprozess nicht der Fall ist.

Die Vermutung, dass die Ausbreitung von Eiweißplaques auf abnehmende mentale Leistungen hindeutet, liegt nahe: je mehr Plaques, desto weniger Gedächtnis und Konzentrationsfähigkeit. Dabei stellt sich die wichtige Frage, ob dies nur für Demenzpatienten zutrifft oder auch für die milderen Formen von Eiweißablagerungen, wie sie auch im Gehirn einiger gesunder Senioren beobachtet werden können. Ein Problem dieser Diagnose bestand bisher darin, dass die Eiweißablagerungen bis vor kurzem erst nach dem Tod des Patienten mit einer Autopsie des Hirngewebes nachgewiesen werden konnte, obwohl es aus wissenschaftlicher wie medizinischer Sicht wichtig wäre, den Alterungsprozess dieser Menschen zu verfolgen. Zum Glück wurde inzwischen eine spezielle Hirnscantechnik entwickelt, mit der Eiweißablagerungen gemessen werden können.[4] Forscher des US-amerikanischen National Institute of Aging studierten mithilfe dieser Methode 57 gesunde etwa 80-jährige Senioren. Den Autoren standen Daten aus elf Jahre zuvor durchgeführten Tests zur Messung kognitiver Leistungsfähigkeit sowie Daten aus den späteren Hirnscans zur Verfügung. Die Scanaufnahmen zeigten, dass mit zunehmendem Alter der Personen in den Testgruppen eine zunehmend größere Eiweißablagerung vorlag. Außerdem hing der Umfang der Eiweißablagerungen offenkundig mit dem Umfang des kognitiven Abbaus in den elf Jahren vor dem Scan zusammen. Diese Studie belegte des Weiteren, dass nicht nur die für eine Alzheimererkrankung charakteristische weitgehende Eiweißablagerung von geistigem Abbau begleitet wird, sondern stützte auch die Vermutung, dass die milderen Formen von Eiweißablagerungen ebenfalls nicht harmlos sind. Diese milderen Formen treten bei vielen gesunden Senioren auf. Sie sind möglicherweise unter anderem für den geringen Abbau geistiger Fähigkeiten verantwortlich, der bei den meisten älteren Menschen zu beobachten ist.

In den kommenden Jahren werden Neurowissenschaftler versuchen, die Analyse von Hirnscans weiter zu verbessern: Kann man bei Personen, die mentale Probleme haben, mithilfe von Scans voraussehen, für wen ein großes Risiko besteht, eine Demenz zu entwickeln, und für wen nicht? Daraufhin könnte bei der Risikogruppe ein ganzes Bündel intensiver Maßnahmen (darunter Ernährung, Bewegung und Medikamente) zur Bekämpfung dieser Entwicklung zum Einsatz kommen. Forscher der Universität von Newcastle in Australien haben vor kurzem einen ersten Versuch unternommen, um herauszufinden, ob sich auf der Grundlage von Scans und anderen Informationen feststellen lässt, für wen ein größeres Risiko besteht, an Alzheimer zu erkranken. Um herauszubekommen, welches Zusammenspiel von Faktoren die genaueste Prognose erlaubt, wurden verschiedene Testergebnisse zueinander in Beziehung gesetzt. Speziell entwickelte Computersoftware kam zum Einsatz, um zu berechnen, welche Faktorenkombination bisher zur besten Klassifizierung geführt hat, ob nach zwei Jahren eine Alzheimererkrankung eintreten wird oder nicht. Sie erforschten speziell drei Arten von Faktoren: das Volumen verschiedener Hirnstrukturen, das mittels MRT-Scans gemessen wird, Eiweiße in der Gehirn-Rückenmarks-Flüssigkeit, die mit Alzheimer in Verbindung gebracht wurden (für deren Messung ist eine Punktion des Rückenmarks erforderlich),[5] sowie neuropsychologische Tests (Gedächtnis, Aufmerksamkeit, exekutive Funktionen). Von jeder dieser drei Faktorengruppen lagen Werte vor, z. B. von einem Dutzend Hirnstrukturen (bei den MRT-Scans) oder von einem Dutzend neuropsychologischer Tests. Letztere waren für eine Vorhersage am besten geeignet. Noch tauglicher für die Prognose der Entwicklung von Alzheimer erwies sich aber die Kombination einer Reihe bestimmter Messungen zu jeder der drei Faktorengruppen. Dabei handelte es sich um Gedächtnistests, um das Volumen des Hippocampus und der umgebenden Hirnrinde sowie um ein bestimmtes Eiweißverhältnis in der Gehirn-Rückenmarks-Flüssigkeit. Diese Kombination erzielte in 67 Prozent der Fälle die richtige Prognose.[6] Das ist bei weitem noch nicht ausreichend, weil immer noch eine hohe Fehlerquote besteht, aber es ist schon ein großer Schritt in die richtige Richtung. Werden dann auch Lebensstilfaktoren (Ernährung, Bewegung, mentale Aktivität) mit berücksichtigt, wird das Modell zweifellos noch genauere Prognosen ermöglichen.

Wir haben gesehen, dass eine Abnahme der grauen Substanz im Hippocampus nicht viel Gutes erwarten lässt. Wie steht es um die *Aktivität* des Hippocampus? Berliner Forscher ließen zwei Gruppen von Probanden, die eine mit, die andere ohne Gedächtnisprobleme, eine Gedächtnisaufgabe lösen, während sie im Scanner lagen, und maßen dabei deren Gehirnaktivität. Es ging hier um *subjektive* Gedächtnisprobleme, d. h., die Probanden meinten, ihr Gedächtnis werde schwächer, was jedoch noch nicht durch objektive neuropsychologische Tests erhärtet worden war. Bei den Personen mit Gedächtnisproblemen erwies sich der Hippocampus im Vergleich zur Kontrollgruppe als weniger aktiv. Offenbar versagte bei ihnen das «Gedächtniszentrum» des Gehirns (denn das ist der Hippocampus) schon ein wenig. Gleichzeitig hatten die Personen mit Gedächtnisproblemen aber eine höhere Aktivität in den vorderen Gehirnregionen (hauptsächlich rechts frontal). Beide Gruppen erbrachten bei der Gedächtnisaufgabe gleich gute Leistungen; bei dieser spezifischen Aufgabe war also noch keine Verschlechterung der tatsächlichen Leistung zu erkennen. Das stützt die These, dass bei Menschen mit beginnendem geistigem Abbau der Hippocampus weniger gut arbeitet und dies durch die Miteinbeziehung ihres frontalen Cortex zu kompensieren versucht wird.

Bei einer weiteren Studie zur Hirnaktivität bei Personen mit MCI wurden nicht die Gedächtnisprozesse untersucht, sondern ein Zustand, in dem das Gehirn «frei» ist. Forscher des Medizinischen Zentrums der Freien Universität Amsterdam beobachteten die Muster der Gehirnaktivität von Versuchspersonen, die – im wachen Zustand im Scanner liegend – nichts tun. So etwas wird als «Ruhezustand» bezeichnet. Natürlich ist das Gehirn dabei aktiv, man denkt z. B. an das, was man im bisherigen Tagesverlauf bereits getan hat oder was später am Tag noch geplant ist, oder an noch ganz andere Dinge. Die Forscher verglichen die Aufnahmen von Patienten mit Alzheimer, von Patienten mit MCI und von gesunden Freiwilligen. Die Teilnehmer wurden drei Jahre lang beobachtet. Dabei wurde kontrolliert, ob die unterschiedliche Aktivität in der MCI-Gruppe prädikativ war, d. h. das Entstehen von Alzheimer vorhersagen konnte. Von den dreiundzwanzig Teilnehmern der MCI-Gruppe entwickelten sieben Personen innerhalb von drei Jahren Alzheimer, vierzehn von ihnen blieben mental stabil (von den restlichen zwei entwickelte einer eine andere Form von Demenz, der andere nahm nach drei Jahren nicht mehr an der Studie teil). Bei den Personen, die Alzheimer entwickelten, hatte sich (drei Jahre zuvor, als sie noch nicht von den anderen MCI-Patienten zu unterscheiden waren) im Hirnscan gezeigt, dass zwei Regionen im hinteren Teil des Gehirns, die für das autobiografische Gedächtnis und das Selbstbewusstsein wichtig sind, weniger gut zusammenarbeiteten als bei den Probanden, die später keine Alzheimererkrankung entwickelten. Die Zusammenarbeit zwischen den Hirnregionen kann gemessen werden, indem man überprüft, ob sie gleichzeitig, in gleichem Maße und in gleicher Intensität aktiv sind. Man kann es mit Leuten vergleichen, die miteinander tanzen, z. B. einen Volkstanz, bei dem man sich an den Händen hält. Arbeiten alle zusammen, machen alle richtig mit, dann bewegen sie sich gleichzeitig im selben Rhythmus. Ist einer dabei, der nicht mitmacht, wird das Muster gestört, die Bewegungen sind nicht harmonisch. Die Forschung konnte den Nachweis erbringen, dass die verringerte Kommunikation zwischen diesen Hirnregionen mit der Schwere des mentalen Abbaus korrelierte. Diese Beobachtung kann sich bei der Diagnosestellung künftig möglicherweise als hilfreich erweisen. Vor allem können – beispielsweise in halbjährigem Abstand durchgeführte – Messungen, die eine fortschreitende Verringerung der Konnektivität zeigen, einen wichtigen Beitrag zur frühzeitigen Erkennung von Alzheimer leisten. Künftig wird es möglich sein, Informationen aus solchen Scanbildern bei der Diagnose einer frühen Entwicklung von Alzheimer einzusetzen.

Von MCI zu Alzheimer

Im Mai 2011 tobte in der *New York Times* eine Kontroverse über die Schwere der Belastung durch MCI. Nach der Veröffentlichung eines Artikels der amerikanischen Wissenschaftlerin Dr. Margaret Gullette wurde die Zeitung mit Leserbriefen überschüttet. Sie hatte geschrieben, wie gut es vielen Menschen mit MCI gelinge, mit ihren verminderten geistigen Fähigkeiten umzugehen. Sie hätten oft eine starke positive Einstellung und bekämen viel Unterstützung von ihren Verwandten und Freunden. Häufig sei die Sache nicht so ernst, so der Tenor des Artikels, ein bisschen Abbau von Gedächtnis und Denkvermögen gehöre einfach zum Leben dazu, unsere Kultur solle nicht so besessen sein vom geistig perfekten Funktionieren. Eine positive Einstellung halte einen aktiv und würde einen weiteren Abbau verhindern. Die Leserbriefe stammten von Patienten mit fortgeschrittener MCI und von empörten Angehörigen von Alzheimerpatienten, die deren hoffnungslosen Kampf gegen die verheerenden Folgen der Alzheimererkrankung aus nächster Nähe miterlebten. Sie erhoben heftigen Einspruch gegen die Vorstellung, eine positive Einstellung und die Unterstützung der Familie würden ausreichen, um mit den geistigen Defiziten leben zu können. Auch Neurologen meldeten sich in der Diskussion zu Wort. Sie fanden Gullettes Sichtweise beunruhigend, weil sie die Brisanz der tagtäglichen Probleme von MCI-Patienten zu bagatellisieren schien.

Die Angehörigen hatten recht: Alzheimer lässt sich nicht mit einer positiven Einstellung und noch so viel Hilfe und Unterstützung verhindern, wie wichtig dies alles zweifellos auch sein mag. Es ist jedoch denkbar, dass Margaret Gullette eine andere Patientengruppe im Blick hatte als die Leserbriefschreiber. Diverse Studien haben nachgewiesen, dass es bei nahezu der Hälfte der Personen, bei denen MCI diagnostiziert wurde, in den darauffolgenden fünf Jahren nicht zu einem Ausbruch der Alzheimerkrankheit gekommen war. Bei einem von sieben hatte sich die Situation sogar so sehr verbessert, dass fünf Jahre später die Diagnose MCI nicht mehr zutraf. Möglicherweise hatte Gullette an diese Personengruppe gedacht, die keine Alzheimerkrankheit entwickelt, während die Leserbriefschreiber von der anderen Hälfte ausgingen. Keine der beiden Seiten spricht jedoch diesen Unterschied an: dass es Menschen mit MCI gibt, die in den Jahren nach der Diagnosestellung nicht dement werden, und Menschen mit MCI, bei denen sich eine Demenz entwickelt. Leider lässt sich diese Unterscheidung erst im Nachhinein machen. Deshalb muss sich die Forschung noch stärker dem Aufspüren der Faktoren widmen, die eine Demenz auslösen.

Warum der eine an Alzheimer erkrankt und der andere nicht, hat wahrscheinlich mit einer Vielzahl von sich gegenseitig verstärkenden Einflüssen zu tun. Erbliche Faktoren spielen eine Rolle, aber auch der Lebensstil (wenig oder keine körperliche Bewegung, geistige und soziale Inaktivität, ungesunde Ernährung) kann beispielsweise dazu beitragen. Eine MCI, die nicht fortschreitet und zu einer Demenz führt, hat meist psychische Ursachen wie eine lang anhaltende depressive Verstimmung, eine Überforderung oder ein Burn-out. MCI kann auch infolge eines vorübergehenden Rückgangs der Hirnfunktionen aufgrund von Vitaminmangel, einer reduzierten Schilddrüsenfunktion oder als Nebenwirkung von Medikamenten auftreten.

Kann denn jeder an Alzheimer erkranken? Wahrscheinlich nicht, wie wir bei Frau van Andel gesehen haben, die 115 Jahre alt wurde und deren Gehirn keinerlei Alzheimerspuren aufwies. Derzeit wissen wir noch zu wenig über die Faktoren, die für die Entwicklung von Alzheimer bei Personen mit MCI entscheidend sind. Da auf diesem Gebiet weltweit viel geforscht wird, ist es durchaus möglich, dass wir in einigen Jahren viel mehr wissen. Weil die Alzheimerkrankheit langsam voranschreitet und sich sukzessive entwickelt, wird MCI (der erste mentale Abbau, der noch keine verheerenden Auswirkungen hat) immer zuerst auftreten. Damit ist jedoch nicht gesagt, dass in der ersten Phase immer MCI diagnostiziert wird. Auch gibt es gegen MCI bisher noch keine wirksame Behandlung. Dennoch ist einiges über Maßnahmen bekannt, die einen günstigen Einfluss ausüben können.

Was kann man gegen MCI tun?

Kann man dem mentalen Abbau, der mit MCI einhergeht, Einhalt gebieten? Darüber sind nur wenige belastbare wissenschaftliche Daten bekannt. Aus den bisherigen Studien geht hervor, dass Medikamente noch kaum Erfolg versprechen. Es gibt zwei Arten von Medikamenten, die bei der Alzheimerkrankheit den mentalen Abbau ein wenig hemmen oder kompensieren können.[7] Die eine Sorte von Medikamenten erhöht die Konzentration des Neurotransmitters Acetylcholin, der für Gedächtnisprozesse sehr wichtig ist, die andere vermindert die Wirkung des Neurotransmitters Glutamat auf Hirnzellen. Glutamat ist der wichtigste Botenstoff des Gehirns. Es sorgt dafür, dass sich Neuronen gegenseitig aktiv halten, um das Gedächtnis und das Denkvermögen zu unterstützen. Man könnte sagen, dass Glutamat bei Alzheimer durchgedreht ist und das Medikament diesen Prozess hemmen soll: Hohe Konzentrationen von Glutamat können nämlich die Hirnzellen beschädigen. Beide Mittel werden bei MCI eingesetzt, sind aber offenbar nicht besonders erfolgreich darin, den Ausbruch der Alzheimerkrankheit zu verhindern. Lediglich eine Studie fand eine günstige Wirkung.

Nachgewiesen ist hingegen der positive Einfluss körperlicher Bewegung. Vor kurzem erst wurde dies wieder in einer Studie belegt, in der (durchschnittlich 70-jährige) Teilnehmer mit MCI entweder intensive Bewegungsübungen ausführten oder ein sehr ruhiges Dehn- und Streckprogramm absolvierten. Bei dem intensiven Programm handelte es sich um *Aerobic Fitness*, wobei der Fitnesstrainer darauf achtete, dass der Puls bei der Sportausübung stark nach oben ging. In der Aerobic-Gruppe lag die Herzfrequenz bei 75 Prozent der Herzreserve. Die Herzreserve ist der Unterschied zwischen der maximalen Herzfrequenz eines Menschen, etwa beim Joggen auf dem Laufband, und seinem Puls im Ruhezustand. Bei der Kontrollgruppe, die ruhige Dehn- und Streckübungen machte, blieb der Herzschlag unter 50 Prozent der Herzreserve. Die Teilnehmer machten die jeweiligen Übungen viermal pro Woche eine Dreiviertelstunde über sechs Monate. Die Personen in der intensiven Fitnessgruppe brachten es im Vergleich zu den Teilnehmern der Streck- und Dehnübungen zu deutlichen Verbesserungen bei einer Reihe von Tests geistiger Fähigkeiten. Am stärksten trat dieser Effekt bei Frauen ein, vor allem bei Tests zur Messung der geistigen Flexibilität. Warum sich Körperbewegung auf geistige Fähigkeiten günstig auswirkt, ist noch nicht genau bekannt. Möglicherweise spielt eine bessere Sauerstoffversorgung des Gehirns eine Rolle. Es gibt auch Hinweise darauf, dass intensive körperliche Bewegung die Abgabe körpereigener Wachstumsfaktoren fördert, also Körperstoffe, die sich positiv auf Gehirnzellen auswirken. Darüber werden wir später mehr erfahren. Auf jeden Fall scheint der Satz aus dem alten Rom «Ein gesunder Geist in einem gesunden Körper» noch nichts von seiner Bedeutung eingebüßt zu haben.

Nicht allein körperliche Übung ist wichtig, auch mentale und soziale Aktivität ist von großer Bedeutung. Eine Studie aus Chicago, an der gut 1300 Probanden im Alter zwischen 70 und 90 Jahren beteiligt waren, zeigte, dass Senioren, die mit dem Computer arbeiten, Spiele spielen, Bücher lesen und kreativ tätig sind (etwa Quilts nähen oder stricken), mental leistungsfähiger waren als Senioren, die auf diese Aktivitäten verzichteten. Von den 1300 Personen hatten 200 MCI, und diese Menschen waren im Jahr davor viel weniger diesen oder vergleichbaren Aktivitäten nachgegangen. Obwohl die Information an sich sehr interessant ist, muss man mit den Ergebnissen solcher Studien vorsichtig sein, weil die Studie keine Ursache-Wirkung-Beziehung aufdeckt. Es bedeutet nicht grundsätzlich, dass eine geringere Gehirnaktivität auch zu geistigem Abbau führt. Es könnte sich nämlich auch genau umgekehrt verhalten: dass man diesen Aktivitäten weniger nachgeht, weil sich die eigenen geistigen Fähigkeiten verschlechtert haben. Und es können noch weitere Faktoren im Spiel sein: Menschen, die beispielsweise aus einer niedrigen sozioökonomischen Schicht kommen (in Amerika spielt das eine größere Rolle als in den Niederlanden oder in Deutschland), werden möglicherweise früher geistig abbauen und weniger oft den PC benutzen oder Bücher lesen. Der Zusammenhang ließ sich in der erwähnten Studie übrigens nicht für alle geistigen Aktivitäten nachweisen. Teilnehmer mit guten und mit schlechten geistigen Leistungen gaben z. B. gleich häufig an, Zeitung zu lesen. Dazu ist allerdings anzumerken, dass viele Menschen die Zeitung oberflächlich lesen und das Lesen eines Buches mehr Konzentration erfordert als das Lesen der meisten Zeitungsartikel.

Nachweisbar kann geistige Aktivität durchaus eine Verbesserung der mentalen Fähigkeiten bewirken. Mentaltrainings können verschiedene Formen haben. Oft liegt der Schwerpunkt auf dem Üben mittels Testaufgaben. Dabei sind in der Regel geistige Aufgaben wie kleine Gedächtnistests oder Puzzles zu lösen. Andere Formen legen den Akzent mehr auf das Erlernen von Strategien zur Lösung kognitiver Aufgaben. Ein Beispiel dafür ist die «Loci-Methode», die dazu dient, sich etwas besser merken zu können. Angenommen, man möchte eine Einkaufsliste im Kopf behalten, dann platziert man vor seinem geistigen Auge alle Gegenstände auf der Liste in einem bestimmten Raum, z. B. dem Wohnzimmer. Eine Packung Milch auf den Klavierhocker, ein halbes Graubrot auf den Wohnzimmertisch, einen Salatkopf auf das Sofa. Das erscheint recht mühsam, und es macht auch ein wenig Mühe, aber gerade deshalb funktioniert die Methode: Man erinnert sich, was man im Supermarkt einkaufen möchte, wenn man, dort angekommen, in Gedanken in seinem Wohnzimmer herumspaziert. Verschiedene Studien haben nachgewiesen, dass es möglich ist, die geistige Leistungsfähigkeit von Senioren mit MCI zu trainieren, und dass sich deren Leistungen bei Tests zur Aufmerksamkeit, zum Gedächtnis und zu den exekutiven Funktionen verbessern. Dieser Effekt hält sogar über längere Zeit an: Wird einige Monate darauf die geistige Leistungsfähigkeit nochmals getestet, erreichen die Teilnehmer noch immer bessere Ergebnisse als vor dem Training. Einigen Studien zufolge sind die Wirkungen von kognitiven Trainingseinheiten «bereichsspezifisch». Das bedeutet, beim Training visueller Konzentration verbessert sich nicht das Gedächtnis, sondern allein die entsprechende Konzentrationsfähigkeit auf Bilder. Mit anderen Worten: Solche Trainingsprogramme haben einen begrenzten Effekt. Andere Studien zeigen jedoch, dass sich bei einigen Trainings mehr verbessert als nur die in der Aufgabe geübte Fertigkeit. Wenn es im Training für visuelle Aufmerksamkeit beispielsweise um die Aufmerksamkeit für kleine Veränderungen in den Bildern auf einem Monitor geht, könnte damit auch die Aufmerksamkeit in Verkehrssituationen verbessert werden. Das heißt allerdings noch nicht, dass jemand nach einem solchen Training wieder zuverlässig am Straßenverkehr teilnehmen kann, denn dort werden noch eine ganze Menge anderer komplexer Fähigkeiten gebraucht, etwa exekutive Funktionen (z. B. Antizipieren und Einschätzen) oder motorische Koordination. Das gesamte Spektrum der erforderlichen Fertigkeiten lässt sich am besten in einem Fahrsimulator testen.

Es gibt auch «Trainingseinheiten», die nicht am Computer durchgeführt werden, sondern direkt auf soziale Teilnahme abzielen. Dabei handelt es sich folglich nicht um speziell organisierte Trainingseinheiten, sondern um eine tägliche Aktivität, die die entsprechenden geistigen Fähigkeiten erfordert. Aufschlussreich sind die Befunde einer kleinen Studie aus Baltimore, in der sozial schlechter gestellte Senioren (niedriges Einkommen, niedriges Bildungsniveau) in ein sozialpädagogisches Programm mit einbezogen wurden. Als «Betreuungsassistent» unterstützten sie vierzehn Stunden wöchentlich die Erzieher in Kindergartengruppen. Vor ihrer Teilnahme an dem Programm wurde die Aktivität ihres frontalen Cortex mithilfe von FMRT-Scans gemessen. Diese Messungen wurden wiederholt, nachdem die Probanden ein halbes Jahr an dem Programm teilgenommen hatten. Was stellte sich heraus? Ihr präfrontaler Cortex war inzwischen aktiver, und auch ihre exekutiven Funktionen (wie geistige Flexibilität) hatten sich im Vergleich zu einer auf der Warteliste des Programms stehenden Seniorengruppe desselben Alters und desselben sozialen Umfelds verbessert.

Vielleicht könnten ältere Menschen verstärkt als ehrenamtliche Helfer in sozialen Einrichtungen eingesetzt werden. Rudi Westendorp, Professor für Klinische Geriatrie in

Leiden, plädierte dafür in der Tageszeitung *de Volkskrant*.[8] Er wies darauf hin, dass die Jugendlichen von heute voraussichtlich eine durchschnittliche Lebenserwartung von 90 oder 100 Jahren haben. Viele ältere Menschen sind heute noch vital und könnten einen aktiven Beitrag für die Gesellschaft leisten, meinte Westendorp. «Meine Oma kündigte an ihrem 65. Geburtstag an, dass sie es ruhiger angehen wolle, sie wurde 99. Sie musste sich dreimal neu erfinden.» Den heutigen und den künftigen Senioren seien immer mehr gesunde Lebensjahre vergönnt, schreibt er. «Die ehrenamtliche Organisation De Zonnebloem hat ausgerechnet, dass ältere Ehrenamtliche in diesem Jahr Milliarden von Stunden freiwillig und gratis pflegebedürftige Angehörige, Freunde, Bekannte oder Nachbarn betreut haben. Warum machen wir daraus nicht normal bezahlte Stellen? Dann haben Senioren länger ein eigenes Einkommen und brauchen weniger Pension bzw. Rente.» Man könnte dem noch hinzufügen, dass das Risiko, MCI und Alzheimer zu entwickeln, möglicherweise niedriger wäre, auf jeden Fall aber langsamer verlaufen würde, wenn Senioren auf diese Weise aktiv bleiben könnten.

Die amerikanische Mayo-Klinik, eine berühmte, auf Altersforschung und die Behandlung von Alzheimer spezialisierte Institution, gibt den Ratschlag, sich neben geistiger Aktivität mit einer Diät aus wenig Fett und viel Gemüse und Obst zu ernähren. Die Klinik rät auch zum regelmäßigen Verzehr von fettem Fisch, der Omega-3-Fettsäuren enthält. Das alles könne sich günstig auf Herz und Gefäße und mithin auf das Gehirn auswirken. Obwohl diese Maßnahmen sicher nicht schlecht sind, sollte man bedenken, dass es dafür deutlich weniger Nachweise gibt als für den Nutzen von Körperbewegung und geistiger Aktivität.

Wenn die Demenz wirklich zuschlägt

Der ehemalige amerikanische Präsident Ronald Reagan hat sehr dazu beigetragen, Demenz zu einem Thema zu machen, über das man offen reden kann, als er im November 1994 seinen Landsleuten mitteilte, dass er an Alzheimer leide. In seinem offenen Brief schrieb er unter anderem: «Vor kurzem habe ich erfahren, dass ich, wie Millionen anderer Amerikaner, an der Alzheimerkrankheit leide. (...) Im Moment fühle ich mich sehr gut. Ich beabsichtige, die Jahre, die mir Gott auf dieser Erde noch schenkt, so zu gestalten wie bisher. (...) Ich beginne nun die Reise, die mich zum Sonnenuntergang meines Lebens führt, in der Gewissheit, dass über Amerika immer wieder ein strahlender Morgen heraufdämmern wird. (...)» Nach Auskunft seines Sohnes Ron zeigte er bereits 1986 (damals war er noch als Präsident im Amt) Anzeichen einer beginnenden Demenz.[9] Er konnte z. B. vertraute Punkte an einer Route in der Umgebung von Los Angeles nicht mehr benennen. Die Diagnose wurde offiziell erst im August 1994 gestellt, zehn Jahre später starb Reagan. Damals war er 93 Jahre alt.

Das Alter ist der Hauptrisikofaktor für Demenz. Leidet nur ein Prozent der 60-Jährigen darunter, sind es bei den 75-Jährigen schon sieben Prozent und bei den 85-Jährigen ungefähr 30 Prozent. In Deutschland sind laut der Deutschen Alzheimer Gesellschaft gegenwärtig etwa 1,4 Millionen Menschen an Demenz erkrankt – eine Zahl, die aufgrund der Vergreisung der Gesellschaft noch ansteigen wird und sich bis zum Jahr 2050 verdoppeln kann. Einer von drei Deutschen ist direkt oder indirekt von Demenz betroffen, beispielsweise durch einen nahen Angehörigen. Aufgrund ihrer Berechnungen schätzt die niederländische Alzheimer-Stiftung die Zahl dementer Senioren im Jahr 2050 auf weltweit 100 Millionen.

Die häufigsten Demenzarten sind die Alzheimerkrankheit, die vaskuläre Demenz, die frontotemporale Demenz und die Demenz bei Parkinsonkrankheit. 70 Prozent aller Demenzformen betreffen Alzheimer, 15 Prozent vaskuläre Demenz und die übrigen 15 Prozent frontotemporale Demenz, Parkinson und einige seltene Formen von Demenz.

Eigentlich kann Alzheimer zuverlässig erst nach dem Tod des Betroffenen, nach der pathologischen Untersuchung des Gehirns, nachgewiesen werden. Da man natürlich schon früher eine Diagnose stellen möchte, um mit der richtigen Behandlung beginnen zu können, wird der Einfachheit halber jede Form von Demenz, die nicht einer anderen Ursache zuzurechnen ist (keine Anzeichen von Parkinson oder von kleinen Hirnblutungen etc.), als Alzheimer bezeichnet. Meist liegt man damit richtig, da Alzheimer nun einmal die häufigste aller Demenzformen ist.

Beim Nachweis von Demenz wird oft ein Test verwendet, der Mini-Mental-Status-Test, auf Englisch *Mini Mental State Examination*, abgekürzt MMST bzw. MMSE. Mit ihm wird das Gedächtnis geprüft, die zeitliche und räumliche Orientierung sowie das Konzentrations- und Sprachvermögen. Bei diesem Test kann man 30 Punkte erreichen, was für gesunde Erwachsene im Allgemeinen leicht zu schaffen ist. Ein Ergebnis von 27–30 Punkten wird daher als normal betrachtet, dann liegt keine Störung der kognitiven Funktionen vor. Bei einer Punktzahl von 21–26 kann es sich um MCI oder eine beginnende Demenz handeln. Selbstverständlich kann auch etwas anderes dafür ursächlich sein, etwa eine Depression, weil diese die geistigen Fähigkeiten ebenfalls in Mitleidenschaft ziehen kann. Bei einem Ergebnis von 11–20 Punkten spricht man von einer leichten bis mittleren Demenz und bei 10 Punkten und weniger von schwerer Demenz. Der MMSE ist ein kurzer allgemeiner Test. In vielen Fällen jedoch, vor allem wenn es sich um eine leichten Abbau handelt, ist es ratsam, eine umfangreichere neuropsychologische Untersuchung durchführen zu lassen.

Bei der Alzheimererkrankung lässt als Erstes das Kurzzeitgedächtnis nach. In neuropsychologischen Tests zeigt sich, dass das verbale Gedächtnis (etwa das Merken einer Wörterliste) zuerst angegriffen wird. Auf die Gedächtnisprobleme folgen Störungen der exekutiven Funktionen (wie das Planen von Aktivitäten und das Hin- und Herwechseln zwischen verschiedenen Tätigkeiten) sowie Sprachprobleme (z. B. verwirrt reden). Die Patienten können auch Wahnvorstellungen und Halluzinationen haben. Bei Wahnvorstellungen denkt jemand etwas, das nicht mit der Realität übereinstimmt, bei Halluzinationen sieht oder hört er etwas, das nicht vorhanden ist. Um einen für Alzheimer typischen Wahn handelt es sich beispielsweise, wenn ein Patient einen Angehörigen beschuldigt, ihm etwas gestohlen zu haben. Ein halluzinierender Patient kann Menschen, Gestalten oder Objekte sehen, die nicht vorhanden sind. Halluzinationen können in leichter Form auch bei gesunden Menschen auftreten. Von Bedeutung ist dabei der Umstand, dass sich die betroffenen Hirnregionen im präfrontalen Cortex und im temporalen Cortex (dem Lappen auf der Höhe unserer Schläfe) befinden. Das sind genau die Gebiete, die bei der Alzheimerkrankheit am stärksten in Mitleidenschaft gezogen werden.

Bei vaskulärer Demenz handelt es sich um eine Abfolge (oft kleiner) Hirninfarkte oder Hirnblutungen. Das Muster des mentalen Abbaus unterscheidet sich von Patient zu Patient. Zeigen sich bei dem einen vor allem Störungen der geistigen Flexibilität oder im Planen und Überblicken von Tätigkeiten, hat ein anderer vor allem Sprachprobleme (z. B. Schwierigkeiten bei der Wortfindung) und ein Dritter wiederum vor allem Gedächtnisprobleme. Diese Unterschiede ergeben sich aus den Bereichen, an denen die Hirninfarkte oder Hirnblutungen auftraten.

Bei frontotemporaler Demenz stehen zu Beginn Verhaltensstörungen im Vordergrund (z. B. ungehemmtes Verhalten). Die Zersetzung des Gehirns beginnt in diesem Fall nicht im Hippocampus wie bei Alzheimer, sondern im präfrontalen Cortex, der unser Verhalten steuert und unpassendes Verhalten hemmt. Frontotemporale Demenz kommt weniger häufig vor als Alzheimer, beginnt jedoch bereits in jüngeren Jahren: Wenn jemand vor dem 65. Lebensjahr Demenzerscheinungen zeigt, handelt es sich häufiger um frontotemporale Demenz als um Alzheimer.

Bei Parkinson stehen anfangs motorische Störungen wie Händezittern und Probleme beim Aufstehen von einem Stuhl im Vordergrund. Bei dieser Krankheit sterben tief im Gehirn Dopaminneuronen ab. Dopamin ist ein Neurotransmitter, den man braucht, um sich wohlzufühlen. Sein Abbau bei Parkinson erklärt, weshalb sich viele Patienten depressiv fühlen.

Die Alzheimererkrankung kann man als eine extreme Form des Alterungsprozesses sehen, denn auch bei einem normalen Alterungsprozess gibt es Beschädigungen von Nervenzellen und Ansammlungen von Eiweißplaques sowie Tangles, bei Alzheimer treten sie allerdings massenhaft auf. Geistige Funktionen werden bei Alzheimer Schritt für Schritt abgebaut: Auf die Gedächtnisstörungen folgen zusätzlich Denk- und Sprachstörungen, am Ende können die Patienten weder sprechen noch gehen, sie suchen keinen Kontakt mehr mit anderen Menschen und werden inkontinent. Dieser Prozess dauert Jahre und, wie am Beispiel Reagans zu sehen war, manchmal sogar Jahrzehnte.

Die meisten Alzheimerpatienten landen irgendwann einmal in einem Pflegeheim, weil die Familie ihre Betreuung nicht mehr bewältigen kann. Dann stellt sich die wichtige Frage, wie sich das auf das Gehirn des Kranken auswirkt. Leider gibt es dazu nur unzureichende Studien. Selbst wenn eine solche Aufnahme manchmal für den Patienten am besten ist, so liegt es doch nahe, dass sie auf sein Gehirn keinen günstigen Einfluss hat. Denn eine solche Aufnahme bringt oft eine Verringerung der Körperbewegung und der geistigen Stimulation mit sich. Das verhält sich natürlich völlig anders, wenn dort aktiv an der Stimulation des Gehirns gearbeitet wird. In vielen Pflegeheimen wird dem zunehmend Aufmerksamkeit gewidmet. Oft fehlt es dafür aber an Personal. Familie und Freunde könnten sich, wenn sie Aktivitäten mit Patienten unternehmen, hier positiv einbringen.

Die Behandlung der Alzheimererkrankung besteht aus Medikamenten, die den geistigen Abbau bekämpfen, wobei die Wirkung dieser Medikamente allerdings nur mäßig ist. Daneben gibt es die Verhaltenstherapie, um mit der Ruhelosigkeit, den Schlafproblemen, der Angst und der Aggression zurechtzukommen. Bei den Medikamenten handelt es sich um die bereits erwähnten Mittel, die den Neurotransmitter Acetylcholin verstärken oder umgekehrt die zu große Produktion von Glutamat hemmen. Der belgische Hochschullehrer Peter de Deyn, seit 2011 Direktor des Alzheimerzentrums des UMC Groningen, weist allerdings darauf hin, dass hiermit nur die Symptome bekämpft werden. Weltweit forschen Wissenschaftler daran, die Ursache der Demenz aufzuspüren und ihre Bekämpfung in Angriff zu nehmen. Dabei setzt man auf entzündungshemmende Mittel ebenso wie auf Mittel, die den Eiweißablagerungen gegensteuern können. In Tierversuchen sind bereits gewisse Erfolge zu verzeichnen, aber bei Patienten mit Alzheimer wurde noch kein Durchbruch erzielt.

Der Abbau kognitiver Funktionen bei einer Demenz ist schrecklich. Dennoch plädierten vor kurzem Forscher der Alzheimerzentren in Nijmegen und Maastricht dafür, Demenz weniger negativ darzustellen.[10] Die Alzheimerkrankheit etwa sei nicht mehr als eine große Ballung von Alterserscheinungen, die auch bei gesunden Senioren, wenngleich in geringerem Maße, vorkommen. Patienten mit Alzheimer sind vor allem Mitmenschen und nicht so sehr «kranke Menschen». In seinem Buch über seinen demenzkranken Vater, *Der alte König in seinem Reich,* schildert der österreichische Autor Arno Geiger, wie das Leben mit Alzheimer noch sinnvoll sein und Qualität haben kann.

Um das in diesem Kapitel Gesagte zusammenzufassen: Ärzte und Psychologen sind in der Lage, ein mögliches Vorstadium der Alzheimerkrankheit zu diagnostizieren. Dabei handelt es sich um Gedächtnisprobleme, die von einer Person aus der nächsten Umgebung des Betroffenen bestätigt werden. In 50 Prozent der Fälle entwickeln sich diese Probleme nicht zu einer Alzheimerkrankheit. Der Hippocampus, eine für Gedächtnisfunktionen wichtige Hirnregion, ist bei Menschen, bei denen sich eine Demenz entwickelt, geschädigt. Kognitives Training und körperliche Bewegung können dabei helfen, dem Abbau gegenzusteuern. Bei der Alzheimerkrankheit sind zahlreiche Eiweißablagerungen im Gehirn ein wichtiger Auslöser. Eine wirksame Behandlung gibt es noch nicht, aber mit Medikamenten und guter Betreuung ist es möglich, den Abbau ein wenig zu hemmen.

Wichtige Erkenntnisse

- Das Vorstadium der Alzheimerkrankheit (MCI) lässt sich immer besser nachweisen.
- In fast der Hälfte der Fälle entwickeln sich diese Probleme nicht weiter. Bei einem von sieben Fällen ist die Besserung so stark, dass nach fünf Jahren die Diagnose MCI nicht mehr zutrifft.
- Kognitives Training und körperliche Bewegung können helfen, dem Abbau bei MCI gegenzusteuern.
- Der Hippocampus, eine für das Gedächtnis wichtige Hirnregion, ist bei Menschen, bei denen sich eine Demenz entwickelt, geschädigt. Wichtige Auslöser der Alzheimerkrankheit sind zahlreiche Eiweißablagerungen im Gehirn.
- Alter ist der wichtigste Risikofaktor für Demenz: 1 Prozent der 60-Jährigen, 7 Prozent der 75-Jährigen und 30 Prozent der 85-Jährigen sind davon betroffen.
- Eine wirksame Behandlung gegen Demenz gibt es noch nicht, aber es ist möglich, mithilfe von Medikamenten und guter Betreuung den Abbau ein wenig zu hemmen.

5 Körper und Geist

Der Einfluss der Hormone

Wir alle wissen, dass alte Menschen eine faltige Haut bekommen, dass ihre Knochen brüchiger werden und dass 70-jährige Männer weniger Muskelkraft besitzen als 40-jährige. Aber wissen wir auch, warum das so ist? Das alles hat mit den Hormonen zu tun. Das Wort kommt vom griechischen *horman*, was «in Bewegung setzen» bedeutet. Hormone sind Stoffe, die von unserem Körper produziert werden und über das Blut auf Gewebe und Organe einwirken, indem sie deren Aktivität entweder anregen oder hemmen. Das Hormon Insulin zum Beispiel reguliert die Blutzuckerkonzentration. Insulin sorgt für die Aufnahme von Glukose durch die Körperzellen, wodurch sich der Blutzuckerspiegel absenkt.

Je älter wir werden, umso mehr nimmt die Produktion und Ausschüttung einer Reihe von wichtigen Hormonen in unserem Körper ab. Am bedeutsamsten sind hierbei das Wachstumshormon und die Geschlechtshormone: Östrogen (bei Frauen) und Testosteron (bei Männern). Die Phase, in der sich bei Frauen die Ausschüttung der Geschlechtshormone verringert, bezeichnet man als Wechseljahre oder Menopause. Sie tritt um das 50. Lebensjahr ein und dauert etwa fünf Jahre. Ein bekanntes Symptom der Menopause sind Hitzewallungen. Während dieser Hitzewellen können Frauen derart starke Atembeklemmungen bekommen, dass sie sogar im tiefsten Winter in der Wohnung die Fenster aufreißen. Eine englische Schauspielerin wurde einmal von *The Daily Telegraph* in einer Hotellobby interviewt. Unter Hinweis auf ihre Hitzewallungen bat sie den Interviewer, das Gespräch doch im Freien fortsetzen zu können, auf einer Bank im rauen Herbstwind.

Andere häufig auftretende Wechseljahresbeschwerden sind nächtliche Schweißausbrüche, Blasenprobleme, trockene Haut, Stimmungsschwankungen (Reizbarkeit) und Müdigkeit. Auch die eigene Erwartungshaltung kann das Auftreten von Wechseljahressymptomen verstärken. Studien haben erwiesen, dass bei Frauen, die gegenüber dieser Lebensphase von vornherein negativ eingestellt sind, auch mehr Symptome auftreten, wenn sie schließlich in die Wechseljahre kommen. Frauen in orientalischen Kulturen, in denen die Menopause weitaus weniger als eine problematische Phase angesehen wird, berichten seltener als Frauen im Westen über unangenehme Begleiterscheinungen.

Weniger bekannt ist dagegen, dass sich auch bei Männern hormonelle Veränderungen bemerkbar machen können: Bei ihnen heißt diese Phase Andropause oder virile Wechseljahre. Wie die Menopause geht sie mit einem Verlust an Energie, mit Stimmungsschwankungen und einem Nachlassen der Libido einher. Die Andropause äußert sich bei Männern allerdings weniger heftig als die Menopause bei Frauen, verständlicherweise, denn bei Frauen setzt die Hormonbildung des Fortpflanzungssystems vollständig aus, während sie sich bei Männern lediglich allmählich verringert. Übrigens hat, wie bei so vielen Alterserscheinungen, längst nicht jeder damit Probleme.

Hormonelle Veränderungen

Geschlechtshormone bringen wir nicht ohne weiteres mit unserem Gehirn in Verbindung. Dennoch wirkt sich der sinkende Hormonspiegel auch ungünstig auf unsere geistigen Fähigkeiten aus. Als Pam, eine Geschäftsfrau von Mitte 50, in die Wechseljahre kam, überfiel sie kurz die Befürchtung, verfrüht an Demenz zu erkranken. Mitunter konnte sie nicht einmal auf ein so simples Wort wie «Katze» kommen. Sie hatte gerade mit einem Kurs zu den unterschiedlichen Formen von Hypotheken begonnen (sie war bereits eine erfolgreiche Finanzberaterin in der Bankenwelt), merkte jedoch, dass sie nicht folgen konnte – nichts blieb in ihrem Gedächtnis hängen. Hatte sie bei der Anmeldung noch gedacht: «Das mache ich mit links», verzichtete sie, als die Abschlussprüfung näher rückte, dann doch auf die Teilnahme.

Eine Studie der Universität von Kalifornien, an der sich über 2000 Frauen beteiligt hatten, belegte, dass Pam mit diesen Problemen nicht allein ist. Mit dem Einsetzen der Wechseljahre setzen zunehmend Gedächtnisprobleme ein. Viele Frauen können in dieser Phase weniger schnell denken. Bei den meisten tritt zwar keine dramatische Verschlechterung ein, sie finden durchaus noch den Weg zum Supermarkt, dennoch bemerken sie gegenüber früher ein Nachlassen ihrer geistigen Fitness. Doch es gibt auch gute Nachrichten: Ein Jahr nach der letzten Menstruation (wenn die Menopause tatsächlich eingetreten ist) verbessern sich Gedächtnis, Konzentration und Lernfähigkeit wieder ein wenig und verursachen weniger Probleme als während der

Wechseljahre. Aber lassen Sie uns zunächst einmal betrachten, wie diese Hormone die Leistung des Gehirns beeinflussen.

Östrogene bei Wechseljahresbeschwerden

Beginnen wir mit den Östrogenen, die bisweilen auch als weibliche Hormone bezeichnet werden. Männer haben zwar auch eine gewisse Menge von Östrogenen, doch liegt der Östrogenspiegel bei Frauen viel höher. Der Produktionszyklus des Hormons (und zahlreicher anderer Hormone) gleicht der Bahn eines Bumerangs: Er setzt im Gehirn ein, und am Ende kommt ein Teil des Hormons wieder im Gehirn an. Das Startsignal für die Hormonausschüttung wird im Hypothalamus, einer Struktur an der Unterseite des Gehirns, gegeben. Nach dem Durchlaufen einiger Zwischenstationen kommt das Signal zur Östrogenproduktion schließlich in den Eierstöcken an (Abb. 16). In ihren fruchtbaren Jahren haben Frauen keinen gleichbleibenden Östrogenspiegel. Im Laufe des Menstruationszyklus schwankt die Menge verfügbarer Östrogene zwischen einem niedrigen Wert während der Menstruation und einem hohen Wert beim Eisprung. In der Pubertät spielen Östrogene für die weibliche sexuelle Entwicklung eine entscheidende Rolle. Sie bestimmen den Zyklus, bewirken eine Vergrößerung der Brüste und regeln die Verteilung des Fettgewebes, was die Form der Hüfte, Brüste und Beine beeinflusst. Aber sie haben noch eine Reihe weiterer Funktionen. Sie schützen beispielsweise vor Herz- und Gefäßleiden, da sie die Blutgefäße weiten und sich günstig auf den Gehalt der Blutfette auswirken; außerdem sorgen Östrogene für starke Knochen. Daher steigt mit dem Ausbleiben dieses Hormons das Osteoporoserisiko bei Frauen nach den Wechseljahren beträchtlich.

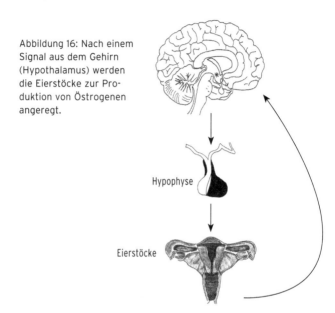

Abbildung 16: Nach einem Signal aus dem Gehirn (Hypothalamus) werden die Eierstöcke zur Produktion von Östrogenen angeregt.

Östrogene beeinflussen auch die Hirnfunktion. Allein schon der Umstand, dass der Östrogenspiegel Einfluss auf den Gemütszustand von Frauen hat, kann dafür eigentlich als Beweis dienen, zumal er zusätzlich durch einen direkten biologischen Nachweis bestätigt wird: Die Östrogenrezeptoren sitzen in verschiedenen Hirnregionen, unter anderem im Hippocampus, einem wichtigen Bestandteil des Gehirns. Nicht nur Neurotransmitter, sondern auch Hormone heften sich an die Zellwände von Neuronen, um ihre Wirkung zu entfalten.

Welche Hirnfunktionen werden von Östrogenen beeinflusst? Östrogenrezeptoren kommen vor allem in Hirnregionen vor, die einerseits mit dem Gedächtnis und andererseits mit Stimmungen, Gefühlen und Stress zu tun haben: in der Amygdala, dem Hippocampus und dem Gyrus cinguli. Daneben beeinflussen Östrogene den Botenstoff Serotonin, der maßgeblich für unseren Gemütszustand verantwortlich ist. Störungen des Serotoninspiegels können Depressionen auslösen.

Daher liegt der Gedanke nahe, Frauen mit starken Wechseljahresbeschwerden Östrogene zu verschreiben. Das geschieht tatsächlich seit Jahren, und Studien konnten nachweisen, dass dadurch die Verminderung von Hitzewallungen positiv beeinflusst und eine Verbesserung der Nachtruhe, der Stimmung und des Wohlbefindens erreicht werden kann. Auch das Gedächtnis kann davon profitieren. Hirnscan-Untersuchungen haben gezeigt, dass Östrogene nach der Menopause die Aktivität des präfrontalen Cortex fördern und so die Leistung des Arbeitsgedächtnisses verbessern können. Leider bringt diese Hormontherapie auch Nachteile mit sich: Sie erhöht das Risiko der Erkrankung an einigen Krebsarten (etwa Eierstockkrebs), denn Östrogene fördern das Wachstum von Tumorzellen. Auch auf die Entwicklung von Herz- und Gefäßkrankheiten wirkt sich die Therapie nachteilig aus.

Deshalb suchen Ärzte und Wissenschaftler nach anderen Mitteln, die zwar die Vorteile, aber nicht die Nachteile von Östrogenen aufweisen. Ein (im buchstäblichen wie im übertragenen Sinne) natürlicher Kandidat sind Phytoöstrogene, also pflanzliche Östrogene: Substanzen, die aus bestimmten Pflanzen gewonnen werden und die Struktur, und offenbar auch die Wirkung, von Östrogenen haben, ohne das Wachstum von Tumorzellen zu fördern oder andere nennenswerte Nebenwirkungen auszulösen.

Phytoöstrogene sind in reichem Maß in Soja vorhanden. Könnte sich der regelmäßige Verzehr von Sojaprodukten möglicherweise positiv auf Wechseljahresbeschwerden auswirken? Dafür scheint es Anzeichen zu geben. In asiatischen Ländern, in denen Sojaprodukte häufig verzehrt werden, leiden Frauen sowohl körperlich als auch geistig in der Regel weniger unter Wechseljahresbeschwerden. Obwohl das ein höchst interessanter Tatbestand ist, muss er nicht unbedingt auf den Verzehr von Sojaprodukten zurückzuführen sein. Gründe dafür könnten auch in anderweitigen (kulturellen) Unterschieden liegen. Dennoch ist es nicht abwegig, einen Zusammenhang mit Soja zu vermuten, denn in Tierversuchen konnte nachgewiesen werden, dass die in Soja enthaltenen Östrogene biologisch vergleichbare Wirkungen wie körpereigene Östrogene hervorrufen können.

Eine Reihe von Studien hat nachgewiesen, dass der Verzehr von Soja bei Frauen, die stark unter Hitzewallungen leiden, deren Auftreten etwas verringern konnte. Ob sich Sojaprodukte positiv auf Gedächtnis und Konzentrationsvermögen auswirken, lässt sich am besten mithilfe eines Experiments herausfinden, bei dem eine Gruppe von Frauen in den Wechseljahren täglich Soja zu sich nimmt, während eine andere Gruppe täglich ein Placebo erhält. Nach einiger Zeit kann man dann untersuchen, ob die Sojagruppe tatsächlich weniger unter Wechseljahresbeschwerden leidet. Genau dies hat ein Team unter der Leitung von Prof. Yvonne van der Schouw vom Universitätsmedizinischen Zentrum Utrecht unternommen. Gemeinsam mit Prof. Edward de Haan war ich bei dieser Studie für die Auswahl der neuropsychologischen Tests und die Interpretation der Testergebnisse verantwortlich. An der Studie beteiligten sich 202 Frauen in den Wechseljahren, die nach dem Zufallsprinzip entweder der Soja- oder der Placebogruppe zugewiesen wurden. Die Teilnehmerinnen der Sojagruppe nahmen ein ganzes Jahr lang täglich ein Sojapräparat ein, ein Pulver, das in ein Getränk gerührt oder ins Essen gemischt werden konnte. Das Placebopräparat (die Scheinsubstanz)[1] wurde ebenfalls in Pulverform verabreicht, es bestand allerdings nicht aus Soja, sondern aus Milcheiweißen.

Die neuropsychologischen Tests, die vor Beginn und nach dem Ende des Testjahrs durchgeführt wurden, richteten sich auf Aufmerksamkeit, Gedächtnis, logisches Denken und die Fähigkeit, zu planen und mental umzuschalten. Außerdem wurden die Knochendichte und die Blutfette (wie Cholesterin) gemessen, denn auch darauf können sich Östrogene positiv auswirken. Nach Abschluss aller Messungen sahen wir dem Ergebnis der Analysen gespannt entgegen: Verbessern die in Soja enthaltenen Phytoöstrogene das Gedächtnis und andere mentale Funktionen? Die Antwort war enttäuschend: Nein. Beide Gruppen zeigten keine Unterschiede, bei keiner von beiden war eine Verbesserung der mentalen Funktionen festzustellen. Auch bei der Knochendichte und den Blutfetten war kein Unterschied auszumachen. Diese Studie wurde 2004 in *JAMA* veröffentlicht, dem *Journal of the American Medical Association*, der weltweit meistverbreiteten medizinischen Fachzeitschrift und dem maßgeblichen Fachorgan des amerikanischen Ärzteverbands. Spätere Untersuchungen, darunter eine chinesische Studie mit 191 Frauen, die sechs Monate lang entweder Soja oder ein Placebo einnahmen, konnten ebenfalls keine Verbesserung der Gedächtnisleistung und anderer mentaler Funktionen nachweisen. Vor kurzem wurde die ausbleibende Wirksamkeit von Phytoöstrogenen ein weiteres Mal durch eine Studie der

Universität von Miami bestätigt, an der sich 250 Frauen durch die tägliche Einnahme von Tabletten beteiligten. Bei der einen Hälfte der Probandinnen enthielten die Tabletten die doppelte Menge Soja, die Menschen üblicherweise mit sojareicher Nahrung zu sich nehmen; die andere Hälfte schluckte ein Placebo. Die Forscher konnten weder eine Verbesserung der Knochendichte oder der Schlafqualität noch eine Reduzierung der Hitzewallungen feststellen. Die geistige Leistungsfähigkeit wurde leider nicht getestet.

Wir können also den Schluss ziehen, dass Phytoöstrogene bisher die in sie gesetzten Hoffnungen nicht erfüllen konnten. Allerdings ist hier am Rande zu erwähnen, dass die jüngsten Studien auch hinter die Wirkung regulärer Östrogentherapien (mit Medikamenten) Fragezeichen setzen. Auch dabei scheinen große Zweifel an der dauerhaften Steigerung der geistigen Leistungsfähigkeit angebracht zu sein. Die Ursache kann womöglich in der künstlichen Erhöhung des Hormonspiegels liegen. Denn das körpereigene Hormon, das vor der Menopause wirksam ist, wird auf eine andere Weise ins Blut abgegeben als das künstliche Östrogen: gleichmäßiger über den Tag verteilt, aber durchaus mit Spitzen- und Tiefenausschlägen der Konzentration. Es ist auch möglich, dass sich die Menge und Wirkungsweise der Östrogenrezeptoren nach den Wechseljahren (aufgrund der reduzierten Östrogenausschüttung) verringern und eine Östrogentherapie aus diesem Grund eine schwächere Wirkung zeigt.

Testosteron und Hirnfunktionen

Testosteron sorgt ziemlich oft für negative Schlagzeilen. So gut wie jeder weiß, dass es sich dabei um ein männliches Hormon handelt, das Aggressionen und provokantes Verhalten auslösen kann und von einigen Sportlern, vor allem von Bodybuildern, missbraucht wird. Halbstarke, die Krawall schlagen oder aufeinander losgehen: zu viel Testosteron. Macho-Gehabe: ebenso. Es stimmt, dass Testosteron das wichtigste männliche Geschlechtshormon ist. Es ist für den Muskelaufbau verantwortlich und kann in manchen Fällen auch Einfluss darauf ausüben, ob jemand diese Muskelpakete tatsächlich zum Einsatz bringt. Doch das ist längst nicht alles. Testosteron ist auch wichtig für Haut und Knochen und für die Entwicklung eines positiven Konkurrenzverhaltens. Es wirkt sich auf die sexuelle Lust und die Produktion von Spermazellen aus, ist also ein sehr «körperliches» Hormon. Ähnlich wie das Östrogen steht auch dieses Hormon für die innige Verbundenheit von Körper und Geist: Testosteron beeinflusst mentale Funktionen wie Gedächtnis und Konzentrationsfähigkeit. Werden 100 Männer, bei denen die Testosteronmenge im Blut bestimmt wurde, einer Reihe neuropsychologischer Tests unterzogen, dann zeigt sich, dass die Testosteronmenge mit den Testleistungen positiv korreliert: Männer mit einem höheren Testosteronspiegel erzielen bessere Ergebnisse. Das gilt vor allem für das räumliche Vorstellungsvermögen, das sich testen lässt, indem man Probanden auffordert, zu entscheiden, ob zwei aus unterschiedlicher Perspektive gezeichnete abstrakte Figuren identisch sind (Abb. 17). Zur

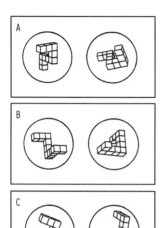

Abbildung 17: Test des räumlichen Vorstellungsvermögens. Ist die Figur rechts identisch mit der Figur links?

Antworten 1. ja; 2. ja; 3. nein

Lösung der Frage «drehen» die Versuchspersonen die Figur vor ihrem geistigen Auge und «sehen» gewissermaßen, ob die Figur der ersten Zeichnung mit der der zweiten identisch ist. Männer haben in der Regel ein besseres räumliches Vorstellungsvermögen als Frauen, und diese Fähigkeit ist bei Männern mit viel Testosteron noch besser entwickelt als bei Männern mit wenig Testosteron.

So wie Männer wenig Östrogen haben, haben Frauen wenig Testosteron. Um den Einfluss eines Hormons wie Testosteron auf mentale Funktionen zu testen, wird jungen Frauen in manchen Studien eine einzige Tablette verabreicht, um dann zu überprüfen, ob sich ihre Leistungen verändern. Würden Frauen diese Tablette über einen längeren Zeitraum täglich einnehmen, würden sich bei ihnen männliche Merkmale entwickeln, etwa stärkerer Haarwuchs oder eine tiefere Stimme. Eine einzige Pille kann noch keinen Schaden anrichten. In einer Studie mit dem

Psychologen Dr. Jack van Honk, einem Experten für die Auswirkungen von Hormonen auf das menschliche Verhalten, haben wir den Einfluss einer solchen einmaligen Testosterongabe auf das räumliche Vorstellungsvermögen untersucht. Im Vergleich zur Einnahme eines Placebos verbesserte sich diese Fähigkeit der Teilnehmerinnen nach der Einnahme von Testosteron – ein Hinweis darauf, dass Testosteron sich unmittelbar auf die Hirnfunktionen auswirken kann, was sich auch in anderen Studien zeigte. In unserem Labor scherzten wir, unsere Frau oder Freundin solle am besten eine Testosteronpille schlucken, bevor sie im nächsten Frankreichurlaub die Karte liest.

Im Alter von etwa 50 Jahren nimmt die Testosteronproduktion bei Männern ab; die Andropause setzt ein. Obwohl sich der Hormonspiegel weniger senkt als bei Frauen, können sich auch bei Männern starke Auswirkungen ergeben. Sie variieren von einer Verringerung des Muskelvolumens und der Körperkraft, einem nachlassenden Sexualtrieb (z. B. Erektionsstörungen) bis hin zu Schlaflosigkeit, Abgespanntheit und Depressionen. Aber wird die Abnahme von Testosteron im Lauf des Alterungsprozesses auch von einer Abnahme der geistigen Fähigkeiten begleitet? In Utrecht widmete sich Dr. Majon Muller diesem Forschungsfeld. Ihre Studie untersuchte 400 Männer im Alter zwischen 40 und 80 Jahren, jeweils 100 Männer je Lebensjahrzehnt. Ich war am neuropsychologischen Teil der Studie beteiligt. Und tatsächlich zeigte sich ein Zusammenhang zwischen dem im Blut (ohne Verabreichung von Testosteron) gemessenen Testosteronspiegel einerseits und den Gedächtnisleistungen und der Denkgeschwindigkeit andererseits. Außergewöhnlich war, dass sich diese Relation kurvilinear (kurvenförmig) entwickelt: Grafisch nimmt sie die Form

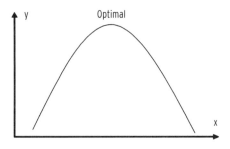

Abbildung 18: Inverse U-förmige Kurve, die die Beziehung zwischen Testosteronspiegel und mentalen Funktionen bei Männern im Alter von 40 bis 70 Jahren abbildet. Mit einem sehr niedrigen oder sehr hohen Spiegel reagieren Männer bei neuropsychologischen Tests schlechter als mit einem durchschnittlichen Testosteronspiegel. Auf der x-Achse der Testosteronspiegel und auf der y-Achse die erreichte Punktezahl bei neuropsychologischen Tests.

eines auf dem Kopf stehenden U (siehe Abb. 18) an. Bei einem solchen kurvilinearen Zusammenhang deutet alles auf das Vorhandensein eines optimalen Testosteronwerts hin (in der Mitte des umgedrehten U). Nur in der höchsten Altersgruppe (der 100 Männer zwischen 70 und 80 Jahren) zeigte sich ein linearer Zusammenhang.

Für diese Altersgruppe mit einem allgemein niedrigen Testosteronspiegel gilt: je mehr Testosteron, desto besser das Gedächtnis und die Denkgeschwindigkeit. Das provoziert die Frage, ob die Verabreichung von Testosteron nicht zu einer Verbesserung der geistigen Fähigkeiten führen könnte. Auch dies wurde von Wissenschaftlern des UMC Utrecht, mit denen ich zusammenarbeitete, untersucht.[2] Wir verwendeten wieder eine Reihe neuropsychologischer Tests, die nicht nur Gedächtnisleistungen, sondern auch Denkgeschwindigkeit und geistige Flexibilität maßen. Da Testosteron im Zentrum des Interesses stand, hatten wir zusätzlich einen Test für räumliches Vorstellungsvermögen mit denselben Figuren wie in Abbildung 17 hinzugefügt. Eine Gruppe von 236 Männern zwischen 60 und 80 Jahren beteiligte sich daran. Teilnahmevoraussetzung war ein niedriger Testosteronspiegel. Denn dann lag auch ein biologischer Grund dafür vor, eine hormonelle «Substitution» ins Auge zu fassen. Die Teilnehmer nahmen über sechs Monate zweimal täglich eine Tablette mit Testosteron oder ein Placebo ein. Nach Abschluss der Studie stellte sich heraus, dass es in der Teilnehmergruppe, die Testosteron eingenommen hatte, im Vergleich zur Placebogruppe zu keiner größeren Verbesserung der geistigen Fähigkeiten gekommen war. Bei den Männern der Testosterongruppe hatte sich allerdings das Fettgewebe reduziert, was sich jedoch nicht in eine Zunahme an Muskelkraft umsetzte.

Allem Anschein nach bringt also die Erhöhung des Testosteronspiegels bei älteren Männern mit niedrigen Testosteronwerten nicht automatisch eine bessere Gedächtnisleistung oder eine erhöhte Konzentrationsfähigkeit mit sich. Selbst beim räumlichen Vorstellungsvermögen, das bei jüngeren Männern stärker testosteronabhängig ist als Gedächtnis oder Konzentrationsvermögen, konnten wir keine Verbesserung nachweisen. Es ist natürlich möglich, dass die Zeitspanne von sechs Monaten zu kurz ist, um solche Veränderungen der Hirnfunktionen zu bewirken, obgleich viele Wirkstoffe und Hormone bereits binnen weniger Wochen eine Wirkung auf die Hirnfunktionen entfalten. Durch Tabletten lässt sich eine vorübergehende Erhöhung des Hormonspiegels erreichen, die sich bis zu mehreren Stunden nach der Einnahme halten kann. Dieser Hormonspiegel ist freilich nicht mit einem natürlichen Hormonspiegel zu vergleichen; das könnte sich auch auf seine Wirkung (oder deren Ausbleiben) niederschlagen. Vor kurzem wurden Testosteronpflaster und -gels auf den Markt gebracht, die eine stabilere Erhöhung der Testosteronspiegel versprachen. Bisher gibt es noch keine Hinweise, dass Pflaster oder Gels einen positiven Effekt auf die geistigen Funktionen haben; für verlässliche Aussagen darüber sind noch weitere Forschungen vonnöten.

Auch die Frage, ob Testosteron möglicherweise doch zur Verbesserung der mentalen Fähigkeiten bei Menschen mit schwachen Ergebnissen bei neuropsychologischen Tests beitragen kann, bedarf weiterer Studien. In unserer Studie erzielten die Teilnehmer (mit einem unterdurchschnittlichen Testosteronspiegel) ein knapp über dem Mittelwert ihrer Altersgenossen liegendes Ergebnis. Das bedeutet einerseits, dass es für sie noch Steigerungsmöglichkeiten gab, dass sie andererseits aber nicht mehr Schwierigkeiten mit ihren Gedächtnisleistungen und anderen mentalen Funktionen hatten als ihre Altersgenossen. Menschen mit Gedächtnisproblemen und Konzentrationsstörungen könnten durchaus von einer Hormonbehandlung profitieren. Der Zweck solcher Behandlungen liegt in der Verbesserung einer deutlich verminderten Funktion, etwa eines schlechten Gedächtnisses. Kommerzielle Organisationen gehen einen Schritt weiter und greifen die Angst vor dem Älterwerden und dem allgemeinen Nachlassen körperlicher Funktionsfähigkeit auf. So preist der amerikanische Arzt Dr. Jeffrey Life – ganz in Übereinstimmung mit dem in Amerika herrschenden (aber auch in Europa immer mehr um sich greifenden) Jugendkult – Präparate für einen straffen, muskulösen Körper bis ins achte Lebensjahrzehnt an. Er selbst ist der sichtbare Beweis dafür, dass es zu schaffen ist. Obwohl er bereits die 70 überschritten hat, protzt er noch mit einem gebräunten Körper, mit dicken Muskelpaketen an den Armen, einem breiten Brustkorb und darunter einem flachen Sixpack. Beim Betrachten seiner Fotos (vor und nach der Behandlung), die er als Reklame für sein kommerzielles Unternehmen verwendet, drängt sich häufig der Verdacht auf, dass sie mit Photoshop bearbeitet sein könnten: ein 70-jähriger Kopf mit dem Körper eines höchstens 30-jährigen Olympiateilnehmers. Aber der Körper ist echt. Dr. Life (auch der Name ist echt) schaffte dieses Ergebnis mit viel Fitnesstraining, einer speziellen Ernährung und durch Hormonbehandlungen mit Testosteron und Wachstumshormonen. Man kann sich natürlich fragen, wie sinnvoll es eigentlich ist, dem natürlichen Alterungsprozess auf diese Weise entgegenzuwirken. Aus wissenschaftlicher Sicht ist der Nutzen einer Hormontherapie jedenfalls noch nicht geklärt, ganz gewiss nicht, wenn es um Hirnfunktionen geht. Hormone können zwar zu einem muskulösen Körper verhelfen, aber Hormontherapien können mitunter auch unerwünschte Nebenwirkungen mit sich bringen. Die Einnahme von Testosteron kann beispielsweise einen schlummernden Prostatakrebs zum Ausbruch bringen. Solche Nebenwirkungen sind in noch stärkerem Maß bei dem möglicherweise wichtigsten Hormon, dem Wachstumshormon, zu erwarten, dessen Ausschüttung sich im Alter verringert und damit zu Alterserscheinungen beiträgt.

Ein mysteriöses Hormon

Der französische Philosoph René Descartes (1596–1650) ist für seinen Satz «Ich denke, also bin ich» (cogito ergo sum) bekannt und für den damit zusammenhängenden Dualismus: die Auffassung, dass Körper und Geist zwei deutlich voneinander unterschiedene Dinge seien. Er gestand jedoch zu, dass Körper und Geist durch die Zirbeldrüse miteinander in Verbindung stünden, eine kleine Hormondrüse, die im Zentrum des Gehirns zwischen den zwei Gehirnhälften verborgen liegt. Würde Descartes heute leben, hätte er vielleicht das Wachstumshormon als Ort der Begegnung von Körper und Geist identifiziert. Es ist das «körperlichste» Hormon, das wir besitzen; dennoch wirkt es sich bestimmend auf unseren Geist aus. Möglicherweise hätte unser Wissen über Wachstumshormone Descartes sogar an seinem Dualismus zweifeln lassen. Das Wachstumshormon lässt den Körper vom Baby zum Erwachsenen heranreifen. Menschen mit zu wenigen Wachstumshormonen bleiben kleinwüchsig, und Menschen mit einem Überschuss an Wachstumshormonen können größer als zwei Meter werden. Doch das Hormon ist nicht nur für das Wachstum von Kindern verantwortlich, es erfüllt unser Leben lang wichtige Funktionen: Es fördert den – gesunden – Aufbau fettfreien Gewebes, es ist an der Erneuerung von Hautzellen und Haaren beteiligt, und es trägt zur Wiederherstellung von beschädigtem Gewebe bei. Weniger bekannt ist jedoch, dass dieses körpereigene Hormon auch positive Auswirkungen auf unser Gehirn haben kann. Menschen mit einem höheren Spiegel an Wachstumshormonen fühlen sich besser als Menschen mit einem niedrigen Spiegel; sie fühlen sich – im buchstäblichen wie im übertragenen Sinne – wohler in ihrer Haut. Dass der Wachstumshormonspiegel auch mit den Leistungen in neuropsychologischen Gedächtnis-, Konzentrations- und Denkvermögenstests in Zusammenhang steht, ist erst seit 20 Jahren bekannt. Bevor wir uns damit ein wenig genauer beschäftigen, sind noch einige Bemerkungen zur Funktionsweise des Wachstumshormons angebracht.

Das Startsignal für die Ausschüttung des Wachstumshormons wird, genau wie bei den Geschlechtshormonen, vom Hypothalamus im Gehirn gegeben. Der Hypothalamus schickt ein Signal zur Hypophyse, der sogenannten Hirnanhangdrüse, einer Hormondrüse, die an der Schädelbasis hängt. Die Zellen in der Hypophyse produzieren ihrerseits das Wachstumshormon, das in unregelmäßigen Dosen (pulsierend) in die Blutbahn abgegeben wird. Die Hormonausschüttung ist während der ersten Stunden des Schlafs am höchsten, was unter anderem ein Grund dafür ist, weshalb diese Schlafphase, der Tiefschlaf, so wichtig ist. Die Menge des Wachstumshormons in unserem Körper nimmt mit dem Älterwerden ab. Bei Erwachsenen halbiert sie sich alle zehn Jahre. Die Wirkung des Wachstumshor-

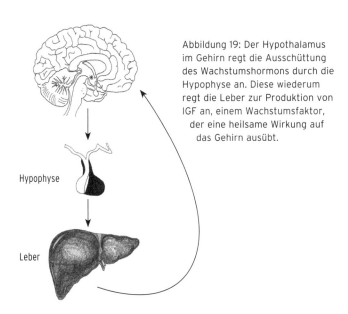

Abbildung 19: Der Hypothalamus im Gehirn regt die Ausschüttung des Wachstumshormons durch die Hypophyse an. Diese wiederum regt die Leber zur Produktion von IGF an, einem Wachstumsfaktor, der eine heilsame Wirkung auf das Gehirn ausübt.

mons auf die verschiedenen Organe und Gewebe des Körpers entfaltet sich größtenteils über ein faszinierendes, dem Insulin verwandtes Hormon, das daher als Insulinähnlicher Wachstumsfaktor (IGF, *Insulin-like Growth Factor*) bezeichnet wird. Es bildet das letzte Element eines vom Hypothalamus angestoßenen Dominoeffekts (Abb. 19). Der Wachstumshormonspiegel im Blut lässt sich nur schwer zuverlässig messen, weil die Hypophyse dieses Hormon nach einem unberechenbaren Schema ausschüttet. Der IGF-Spiegel dagegen ist viel stabiler. Und weil er als Meistergeselle des Wachstumshormons gleichsam in dessen Auftrag auf die Gewebezellen einwirkt, beschränken sich viele Studien auf Messungen des IGF als Indikator für die Aktivität des Wachstumshormons. Das Besondere am IGF ist, dass er nicht nur überall im Körper, sondern auch im Gehirn aktiv ist. Das ist deshalb ungewöhnlich, weil die meisten Substanzen aufgrund einer natürlichen Barriere in den Gefäßwänden des Gehirns nicht aus anderen Körperregionen ins Gehirn vordringen können. Dabei macht der IGF seinem Namen als Wachstumsfaktor alle Ehre. Der IGF ist beispielsweise am Wachstum der Hirnzellen und ihrer bei der Aufnahme neuer Informationen entstehenden Ausläufer beteiligt. Und er ist darüber hinaus lebenswichtig für die Regeneration beschädigten Hirngewebes.

Von der Existenz eines IGF hörte ich zum ersten Mal 1977 im Rahmen meiner psychologischen Examensarbeit bei dem Internisten Dr. Hans Koppeschaar vom UMC Utrecht. Er war fasziniert von einem möglichen Einfluss des IGF auf das Gehirn und weckte auch mein Interesse für dieses in meinen Augen mysteriöse Hormon. Sowohl die IGF-Menge als auch die geistige Leistungsfähigkeit nehmen im Alter ab. Daher stellten wir uns die Frage, ob womöglich zwischen beidem ein Zusammenhang existiert.[3] Es gab zwei Gründe, sich bei der Untersuchung auf eine reine Männergruppe zu beschränken: Erstens könnte es zwischen Männern und Frauen Unterschiede in der Wirkung des Wachstumshormons geben, zweitens wollten wir feststellen, ob unsere Ergebnisse mit denen der einzigen bisherigen Studie zu IGF und geistiger Leistungsfähigkeit, einer amerikanischen Untersuchung bei älteren Männern, übereinstimmen würden.

Das Alter der Teilnehmer unserer Studie lag zwischen 65 und 76 Jahren. Bei zwei Tests zeigten die Ergebnisse einen Zusammenhang zwischen IGF-Spiegel und Leistung, beim Test zur Messung der Denkgeschwindigkeit und dem zur Ermittlung der mentalen Flexibilität. Je mehr IGF ein älterer Mann im Blut hatte, desto besser waren seine Testergebnisse. Die oben erwähnte amerikanische Untersuchung konstatierte ebenfalls einen Zusammenhang zwischen IGF und mentaler Flexibilität. Spätere Studien, die mit viel größeren Gruppen durchgeführt wurden, bestätigten, dass bei gesunden Senioren höhere IGF-Werte mit besseren mentalen Leistungen einhergehen. Wissenschaftler in Amsterdam fanden beispielsweise heraus, dass die Testpersonen mit den niedrigsten IGF-Werten innerhalb einer Gruppe von gut 1300 Teilnehmern (im Alter von 65 bis 88 Jahren) in Tests zur Denkgeschwindigkeit die schlechtesten Ergebnisse erzielten. Das traf gleichermaßen auf Männer wie auf Frauen zu. Die niedrigen IGF-Werte standen offenbar auch mit einer drei Jahre später eingetretenen Verringerung der Denkgeschwindigkeit in Zusammenhang.

Dass das Wachstumshormon und der IGF Auswirkungen auf die mentale Leistungsfähigkeit zeigten, war eigentlich nicht besonders überraschend. Schon vorher war bekannt, dass Menschen mit einem deutlichen Mangel an Wachstumshormonen bei neuropsychologischen Tests, vor allem zu Gedächtnis und Konzentrationsfähigkeit, schlechter abschnitten. Vor kurzem hat man nachgewiesen, dass auch Menschen mit einer Überproduktion des Wachstumshormons (eine als Akromegalie bezeichnete Krankheit) Gedächtnisprobleme haben. Genau wie bei Testosteron scheint hier sowohl ein Zuwenig als auch ein Zuviel einen ungünstigen Effekt auf das Gehirn zu haben. Man könnte annehmen, dass bei Menschen mit einem zu niedrigen Spiegel des Wachstumshormons oder des IGF eine Leistungssteigerung durch die Verabreichung zusätzlicher Hormone erreicht werden kann. Das ist tatsächlich der Fall, aber es ist mit Risiken verbunden. Die zusätzliche Einnahme von Wachstumshormonen kann nämlich ein schnelleres Wachstum bereits vorhandener (bisher unbemerkter) Krebszellen bewirken. Das stellt für ältere Menschen eine erhebliche Gefahr dar. Deshalb gibt es nur sehr wenige Untersuchungen dazu. Bisher wurden lediglich drei Studien erstellt: In einer waren älteren Menschen mit niedrigen Hormonspiegeln Wachstumshormone verabreicht worden; in einer weiteren hatte man einer Gruppe älterer Frauen IGF gegeben, in der dritten war die vom Hypothalamus zur Stimulation der Ausschüttung von Wachstumshormonen abgegebene Substanz (der *Growth Hormone Releasing Factor* oder GRF), verabreicht worden. Die ersten beiden Studien ließen keine Verbesserung der mentalen Leistungsfähigkeit erkennen, ganz im Gegensatz zur Studie mit dem GRF. Das Wachstumshormon entfaltet seine Wirkung durch die Auslösung eines Dominoeffekts im Körper. Daher ist ein möglichst frühzeitiges Eingreifen in diesen

Ablauf (der GRF steht am Anfang der Dominoreihe) womöglich am wirkungsvollsten. Ganz zu Recht hält man sich mit dem Einsatz von Wachstumshormonen bei gesunden älteren Menschen zurück. Ich möchte für eine eingehendere Studie plädieren, die sich stärker mit Menschen mit Gedächtnisproblemen bzw. leichten kognitiven Beeinträchtigungen befasst. Denn für diese Gruppe sind Wachstumshormone von besonderer Bedeutung. Sie bieten eventuell die Chance, die Alzheimerkrankheit in einem frühen Stadium in ihrer Entwicklung zu verlangsamen.

Wichtige Erkenntnisse

- Hormone spielen beim Altern eine entscheidende Rolle. Das Sinken des Hormonspiegels ist für eine Fülle von Alterserscheinungen verantwortlich.
- Hormone können zu Behandlungen eingesetzt werden, aber bisher hat man bei der Verbesserung mentaler Fähigkeiten noch wenig Erfolg erzielt.
- Pflanzliche Östrogene in Sojaprodukten helfen nicht gegen Wechseljahresbeschwerden.
- Wachstumshormone könnten sich positiv auf Gedächtnis und Konzentration auswirken, bergen allerdings Gesundheitsrisiken.

6 Wirkstoffe und Training

Was hilft und was nicht hilft

Gerrit Deems hielt es nicht für eine außergewöhnliche Leistung, aber das war es natürlich trotzdem. Am 19. April 2011 promovierte er mit 89 Jahren an der Universität seines Wohnorts Nijmegen. Nachdem er zuvor als Vertreter und als Sozialarbeiter tätig gewesen war, hatte er mit 43 Jahren ein Philosophiestudium begonnen. Mit 69 hatte er sein Theologieexamen abgeschlossen und den Entschluss gefasst, seine Abschlussarbeit über den Priester Alfons Ariëns (1860–1928), eine Schlüsselfigur der römisch-katholischen Arbeiterbewegung, zu einer Doktorarbeit auszubauen. Aus einem Interview mit einer überregionalen niederländischen Tageszeitung konnte man erfahren, dass er beim Verfassen der Doktorarbeit viele Rückschläge zu bewältigen hatte.[1] Von dem Dutzend junger Doktoranden, die ich in den vergangenen Jahren betreuen durfte, habe ich des Öfteren denselben Seufzer vernommen. Dennoch bot diese Beschäftigung Herrn Deems die ganze Zeit über eine vorzügliche Gelegenheit, seinen Geist beweglich zu erhalten. So sieht er es auch selbst. Wenn man älter wird und nicht aktiv bleibt, kann es zu einem Stillstand kommen. «Die Pensionierung bietet einem dann die Chance, seinen eigenen Neigungen zu folgen und sich noch stärker zu entfalten.»

Nun ginge es sicherlich zu weit, jedem über 65-Jährigen anzuraten, eine Doktorarbeit zu schreiben. Aber es gibt natürlich auch viele andere Aktivitäten, deren Ausübung den Einsatz des Gehirns erfordert. Deshalb stellt sich die Frage, ob intellektuelle Aktivitäten dem alternden Gehirn guttun und das Nachlassen seiner Leistungsfähigkeit verzögern können. Schon der römische Philosoph und Politiker Marcus Tullius Cicero (106–43 v. Chr.) schrieb: «Man sagt: ‹Das Gedächtnis nimmt ab.› Das glaube ich auch. Wenn man es nicht übt.» Hat er recht?

In Zeitungen und Zeitschriften, im Fernsehen und im Internet wird alles Mögliche propagiert, um das eigene Denkvermögen beim Älterwerden aufrechtzuerhalten: von Sudoku und Computerspielen bis zu Omega-3-Fettsäuren und Vitaminpräparaten. Außerdem sind Wissenschaftler und Pharmaunternehmen ständig bemüht, Medikamente zur Stärkung des Gedächtnisses und der Denkfähigkeit zu entwickeln. Aber sind diese Mittel auch wirksam? Kann man seine geistigen Fähigkeiten überhaupt verbessern oder wenigstens ihren Abbau bekämpfen? In diesem Kapitel sehen wir uns an, was wirkt und was nicht.

Medikamente

Die britische Professorin Linda Partridge ist Direktorin des Max-Planck-Instituts für Biologie des Alterns in Köln und gilt als eine Pionierin der Altersforschung. Im November 2011 hielt sie in den Niederlanden eine Vorlesung und gab *de Volkskrant* ein Interview. Partridge zufolge ist die wissenschaftliche Forschung zum gesunden Altern auf einem sehr guten Weg. Es sei nur eine Frage weniger Jahre, bis eine spezielle Pille auf den Markt käme, die von vielen Senioren dann täglich eingenommen würde. Sie nennt sie die Polypille, weil sie verschiedene Inhaltsstoffe, zum Beispiel einen Cholesterinhemmer und Aspirin, enthalten soll: Beide senken das Risiko von Herz- und Gefäßkrankheiten. Möglicherweise soll sie auch eine Substanz beinhalten, die sich günstig auf den Insulinspiegel auswirkt, wodurch wiederum der Stoffwechsel positiv beeinflusst wird. Durch die Einnahme einer solchen Pille werde man länger gesund bleiben. Bereits heute werden ganz ähnliche Medikamente eingesetzt, die allerdings nur einzelne Wirkstoffe (beispielsweise nur einen Cholesterinhemmer) enthalten und nur bei speziellen Personengruppen (etwa nur bei Patienten mit einem zu hohen Cholesterinwert) zur Anwendung kommen.

Was Professor Partridge nicht erwähnte, sind Medikamente, die die mentalen Funktionen unmittelbar verbessern. Denn diese Medikamente sind in ihrer Entwicklung noch nicht ausgereift. Es ist sogar unklar, ob es je gelingen wird, mit einem einzigen Medikament z. B. das Gedächtnis- und Konzentrationsvermögen wesentlich zu steigern, ohne dabei schädliche Nebenwirkungen in Kauf nehmen zu müssen. Gleichwohl wird durchaus intensiv nach den sogenannten *cognition enhancers* geforscht, nach Substanzen, die das Gedächtnis und das Denkvermögen verbessern können. Auf dem Markt sind beispielsweise Donepezil, Memantin und Modafinil. Donepezil und Memantin werden bereits heute bei Alzheimererkrankungen eingesetzt. Durch ihre Einnahme lassen sich Gedächtnis und Konzentration zwar in geringem Maße stärken, das Fortschreiten der Krankheit jedoch keineswegs aufhalten. In einigen Fällen kann der Abbau dadurch allerdings ein wenig verzögert werden. Donepezil sorgt dafür, dass im Gehirn eine größere Menge (des für das Gedächtnis bedeutsamen) Acetylcholin freigesetzt wird. Bisher ist die Wirksamkeit von Donepezil bei gesunden Senioren mit Gedächtnisproblemen noch wenig erforscht. In einer amerikanischen Untersuchung, an der sich zwanzig 72-Jährige beteiligten, wirkte sich dieses Medikament günstig auf das Wortgedächtnis aus, jedoch nur, wenn die Testpersonen zuvor über die Wörter nachgedacht hatten. Wörter, über die man kurz nachdenkt (in diesem Fall war es die Frage, ob die Probanden das Wort als angenehm oder unangenehm empfanden), behält man besser im Gedächtnis als Wörter, die man nur liest. Donepezil verstärkt diesen für eine bessere Informationsspeicherung verantwortlichen Mechanismus. In einer Studie mit Senioren im Alter zwischen 60 und 80 Jahren wurde festgestellt, dass Donepezil den Traumschlaf ebenso fördert wie das Gedächtnis. Beide Phänomene scheinen miteinander zusammenzuhängen. Das ist besonders interessant, weil immer mehr Studien bestätigen, dass der Traumschlaf auch bei jungen Menschen für die Speicherung relevanter Informationen und Erlebnisse wichtig ist. In einer anderen Studie wurde überprüft, ob Donepezil die Konzentration älterer Menschen beim Autofahren fördern könnte. Als Teilnehmer zu diesem Zweck in einem Fahrsimulator getestet wurden, stellte sich jedoch heraus, dass der Effekt des Medikaments nicht größer war als der eines Placebopräparats.

Memantin wirkt auf mehrere Botenstoffe gleichzeitig: auf Glutamat, Serotonin und Acetylcholin. Glutamat ist in weiten Teilen des Gehirns verbreitet, es aktiviert Neuronen und spielt ebenso wie Acetylcholin eine entscheidende Rolle beim Lernen und Erinnern. Obwohl Tierversuche und Studien mit Alzheimerpatienten genügend Hinweise erbracht haben, dass sich Memantin günstig auf die mentalen Fähigkeiten auswirken kann, ist die Wirkung dieses Mittels bei gesunden Senioren mit Gedächtnisproblemen noch nicht ausreichend erforscht. In experimentellen Tierstudien wird derzeit der neue Wirkstoff Ampakin getestet. Er beeinflusst ebenfalls den Neurotransmitter Glutamat und ist offenbar dazu geeignet, die Erinnerungs- und Lernfähigkeit zu verbessern.

Modafinil schließlich ist ein Medikament, das heute schon Narkoleptikern, Menschen mit Schlafstörungen, verschrieben wird. Weil diese durch die Einnahme von Modafinil geistig reger wurden, nahmen die Forscher an, das Medikament könne vielleicht auch die Konzentrationsfähigkeit von Menschen mit mentalen Beeinträchtigungen steigern. Wie Modafinil im Gehirn genau wirkt, ist nicht in allen Einzelheiten bekannt, aber es gibt Hinweise darauf, dass es unter anderem den Dopamin- und Histaminspiegel erhöht. Histamin fördert die Aufmerksamkeit, Dopamin spielt eine große Rolle für die Lernbereitschaft und das Arbeitsgedächtnis. Die Forschung hat nachgewiesen, dass Modafinil die Aufmerksamkeit und das Gedächtnis von gesunden jungen Menschen, die es im Rahmen einer Studie einmalig einnehmen, ebenso verbessern kann wie von Menschen mit ADHS oder Schizophrenie. Zu gesunden Senioren mit Gedächtnisproblemen und zu Personen mit MCI gibt es noch keine Studien.

Zum Schluss soll noch ein weiteres, vielleicht überraschendes Medikament zur Förderung des Gedächtnisses erwähnt werden: die Placebopille. Wissenschaftler der Universität von Wellington in Neuseeland hatten einer Hälfte einer Seniorengruppe ein Medikament verabreicht, das angeblich für das Gedächtnis gut sein sollte. In Wirklichkeit war es ein Scheinmedikament, also ein Placebo ohne jeglichen Wirkstoff. Die Probanden mussten knifflige Gedächtnisaufgaben lösen, sie sollten sich etwa eine Serie von Handlungen und Aktivitäten in der richtigen Reihenfolge merken. Wer die Pille eingenommen hatte, steigerte seine Gedächtnisleistung erheblich. Diese Studie bestätigt die These, dass bei unseren geistigen Leistungen Erwartungen eine wichtige Rolle spielen. Wir haben bereits gesehen, dass auch bei den Senioren selbst stereotype Vorstellungen über ältere Menschen und deren nachlassendes Gedächtnis bestehen und diese Vorstellungen ihre Leistungen beeinflussen. Obwohl die Placebo-Studie zeigt, dass Medikamente auch negative Erwartungen mindern könnten, ist auf lange Sicht ein gesellschaftlicher Bewusstseinswandel möglicherweise effektiver. Fundierteres Wissen über den Alterungsprozess von Gehirnfunktionen könnte ebenso eine Neubewertung bewirken (vor allem die positiven Seiten werden bisher ungenügend wahrgenommen) wie eine Entkräftung der bestehenden stereotypen Vorstellungen. Dieses Buch wird hoffentlich dazu beitragen.

Natürliche Nahrungsergänzungsmittel

Von jeher versuchen Menschen, ihre Gesundheit mithilfe von Heilkräutern zu stärken. In alten Schriften ist nachzulesen, welch großes Kräuterwissen schon vor Tausenden von Jahren in China bestanden hat. Aber auch in anderen Kulturen werden Heilkräuter hoch geschätzt. So steht im hebräischen Weisheitsbuch Jesus Sirach (verfasst ca. 175 v. Chr.): «Gott lässt auf den Feldern heilkräftige Kräuter wachsen, die ein weiser Mann wohl verwenden soll.»

Auch in der modernen westlichen Gesellschaft greift man gern auf Heilkräuter zurück. Viele kaufen sich pflanzliche Mittel in einer Drogerie oder einem Reformhaus. Aber nicht jeder ist sich darüber im Klaren, dass reguläre Medikamente aus der Apotheke nicht selten ebenfalls natürliche Stoffe mit heilkräftiger Wirkung enthalten. Solche Substanzen wirken nicht nur bei körperlichen Leiden, sondern auch bei psychischen Problemen, so etwa Johanniskraut, das bei leichten bis mäßigen Depressionen Linderung bringen kann. Aber können natürliche Nahrungsergänzungsmittel auch zur Stärkung von Gedächtnis, Konzentration und Denkvermögen beitragen?

Obwohl von vielen Präparaten behauptet wird, gut für das Gehirn zu sein, gibt es nur wenige, bei denen wissenschaftlich gesichert ist, dass sie zu Verbesserungen führen oder einen Abbau verlangsamen können. Zu den wirksamen Präparaten zählen Vitamin B12 und Omega-3-Fettsäuren. Es gibt zahlreiche Hinweise auf die Bedeutung von Vitamin B12 für die mentale Leistungsfähigkeit älterer Menschen.[2] Vitamin-B12-Mangel erhöht das Risiko mentaler Beeinträchtigungen im Alter. Diese Erkenntnis ist wichtig, weil etwa 15 Prozent der älteren Menschen einen Vitamin-B12-Mangel aufweisen. Symptome eines solchen Mangels können Blässe, ein Gefühl der Kraftlosigkeit und Müdigkeit sowie ein leichtes Schwindelgefühl und Appetitlosigkeit sein. Natürlich können solche Symptome auch auf anderes hindeuten. Daher sollte man bei ihrem Auftreten den Hausarzt aufsuchen. Bei Menschen, die sich gesund und abwechslungsreich ernähren, ist ein Vitamin-B12-Mangel unwahrscheinlich. Für den Nachweis eines Vitamin-B12-Mangels ist eine Blutuntersuchung erforderlich. Zeigt sich hierbei ein erhebliches Defizit, kann der

Hausarzt Vitamin-B12-Injektionen verschreiben. Eine aktuelle Studie der Universität von Chicago belegt, dass ein Vitamin-B12-Mangel bei älteren Menschen mit dem Abbau von grauer Substanz im Gehirn einhergeht. Dieser Befund unterstreicht, wie wichtig es ist, dieses Vitamin in ausreichender Menge zu sich zu nehmen. Ein kleines Stück Rindfleisch oder Kabeljau enthält bereits eine ganze Menge Vitamin B12. Man kann auch mit Vitamin B12 angereicherte Sojamilch trinken. Auch ein Hefeextrakt wie Marmite enthält (zugesetztes) Vitamin B12 und kann daher ebenfalls als Nahrungsergänzung dienen.

Dennoch ist nicht eindeutig erwiesen, dass die zusätzliche Einnahme von Vitamin B12 die mentale Leistungsfähigkeit tatsächlich verbessert. Dafür sind noch nicht ausreichend zuverlässige Studien durchgeführt worden. Australische Forscher haben 900 Personen (im Alter zwischen 60 und 74 Jahren) gebeten, zwei Jahre lang täglich Vitamin B12 und Folsäure bzw. ein Placebo einzunehmen. Im Gegensatz zu der Gruppe, die nur Placebopillen bekam, steigerte die Gruppe, die Vitamin B12 und Folsäure einnahm, ihre Leistung in den Gedächtnistests. Schon Folsäure allein kann zu einer Verbesserung beitragen. Aus einer niederländischen Studie, in der 818 Personen drei Jahre lang täglich Folsäure (800 μg) bzw. ein Placebo einnahmen, geht hervor, dass sich Gedächtnis und Denkgeschwindigkeit bei der Folsäuregruppe steigerten. Es gibt allerdings auch Studien, die für Vitamin B12 keinerlei Verbesserungen nachweisen konnten. In einer französischen Untersuchung mit mehr als 800 Probanden zwischen 45 und 80 Jahren nahm eine Hälfte der Teilnehmer eine Kombination aus Vitamin B12 und Omega-3-Fettsäuren ein, die andere Hälfte ein Placebo. Alle Teilnehmer litten an Herz- und

Gefäßproblemen, deren Spektrum von einem früheren Herzinfarkt bis zur Hirnblutung reichte. Nach vier Jahren täglicher Einnahme war in neuropsychologischen Tests kein Unterschied zwischen den Gruppen nachzuweisen. Nur bei den Probanden, die eine Hirnblutung überstanden hatten, waren bei einem der Tests Verbesserungen auszumachen. Vielleicht war das Vitamin B12 in der australischen Studie effektiver, weil es mit Folsäure kombiniert worden war. Denn Folsäure fördert die Aufnahme von Vitamin B12. Wissenschaftler der niederländischen Universität Wageningen haben nachgewiesen, dass man durch Brot, das mit Folsäure und Vitamin B12 angereichert ist, den Vitamin-B12-Mangel bei alten Menschen vollständig beseitigen kann. Es ist durchaus vorstellbar, dass nicht bei jedem die Einnahme von Vitamin B12 zur Förderung der mentalen Leistungsfähigkeit angebracht ist, sondern sich eine positive Wirkung vor allem bei Menschen mit Vitamin-B12-Mangel einstellt. Übrigens weist ein Viertel der älteren Menschen möglicherweise zwar keinen Vitamin-B12-Mangel auf, wohl aber einen ziemlich niedrigen Vitamin-B12-Spiegel. Auch für sie kann es ratsam sein, zusätzlich Vitamine einzunehmen. Der Hausarzt oder der Apotheker können Hinweise geben, ob und in welcher Menge zusätzliche Vitamine benötigt werden.

Die Omega-3-Fettsäuren haben wir bereits erwähnt: Diese in fettem Fisch (wie Makrele, Hering oder Lachs) reichlich enthaltenen Fettsäuren sind gut für die Blutgefäße. Omega-3-Fettsäuren üben auch einen positiven Einfluss auf die Zellwände der Neuronen aus; sie ermöglichen einen besseren Transport der Substanzen, die Neuronen für eine gute Funktionsfähigkeit benötigen. Aus einer Studie, an der 107 ältere Menschen (mit einem Durchschnittsalter von 78 Jahren) teilgenommen hatten, geht hervor, dass Personen, die regelmäßig fetten Fisch verzehrt hatten, bei Gedächtnis- und Konzentrationstests bessere Leistungen erzielten und über mehr graue Substanz im Gehirn verfügten. Diese Verbesserung der Hirnfunktionen hing mit dem im Blut gemessenen Omega-3-Fettsäurespiegel zusammen. Eine andere Studie begleitete eine Seniorengruppe dreizehn Jahre lang und dokumentierte deren Fischverzehr. Bei Personen, die mehr Fisch aßen, trat das Problem des Nachlassens ihrer geistigen Leistungsfähigkeit weniger auf. Es gibt also Hinweise auf einen Zusammenhang zwischen Fischöl und mentaler Leistungsfähigkeit; die entscheidende Frage ist jedoch: Kann man durch den regelmäßigen Verzehr von fettem Fisch oder durch die tägliche Einnahme von Fischölkapseln seine geistigen Fähigkeiten verbessern und die Alzheimerkrankheit verhindern? Bei Ratten und Affen scheinen sich die Gehirnfunktionen durchaus zu verbessern, was zumindest bedeutet, dass eine positive Auswirkung auf das Gehirn prinzipiell möglich ist. Doch lassen die bisherigen Studien an Menschen noch keine eindeutige Antwort zu – auch wenn einige Studien eine Verbesserung des Gedächtnisses nachgewiesen haben. Eine chinesische Untersuchungsreihe mit fast 1500 Teilnehmern im Alter über 55 Jahren konnte nach anderthalb Jahren einen Zusammenhang zwischen der Einnahme von Fischölkapseln und einem verminderten mentalen Leistungsabfall belegen. Es existiert allerdings auch eine Reihe sorgfältig durchgeführter Untersuchungen, in denen selbst nach einer 26-wöchigen Einnahme keinerlei Verbesserung zu beobachten war. Obwohl es also keine Garantie für eine Steigerung unserer Gedächtnis- und Konzentrationsleistung gibt, der regelmäßige Verzehr von fettem Fisch (als Richtlinie zweimal wöchentlich) scheint dem Gehirn gutzutun. Überdies gibt es Hinweise darauf, dass er sich positiv auf die Herz- und Blutgefäße auswirken könnte.

Auch von einem anderen natürlichen Nahrungsergänzungsmittel, nämlich von Ginkgo (offizielle Bezeichnung *Ginkgo biloba*), wird behauptet, es sei gut für das alternde Gehirn. Ginkgo ist ein eigentümlicher, aus China stammender Baum. Er kann sehr alt werden, bis zu tausend Jahre, und seine Blätter haben die für ihn charakteristische Form eines Fächers. Der als Wirkstoff eingesetzte Ginkgoextrakt wird aus den Blättern gewonnen.[3] Die in ihm enthaltenen Substanzen entfalten eine besondere Wirkung: Die Inhaltsstoffe helfen bei der Beseitigung der freien Radikalen, also jener Abfallstoffe, die das Hirngewebe schädigen können. Ginkgo ist somit ein Antioxidans. Der Extrakt kann für die Gefäßwände im Gehirn eine Schutzfunktion ausüben. Daneben stimuliert Ginkgo die Ausschüttung von Glukose in geschädigten Hirnregionen, wodurch der Heilungsprozess beschleunigt wird. Obwohl diese Fakten vor allem auf Tierversuchen basieren, ist es nicht undenkbar, dass sich Ginkgo auch bei Menschen günstig auswirkt. Einige Studien haben geringe Verbesserungen des Gedächtnisses bei Alzheimerpatienten nachgewiesen, ebenso viele andere konnten dagegen keine Verbesserungen feststellen. Die Anzahl der Testpersonen war insgesamt zu gering, um zuverlässige Schlussfolgerungen ziehen zu können. Außerdem sind Studien zu gesunden Senioren äußerst dünn gesät. Eine australische Untersuchung erbrachte den Nachweis, dass Ginkgo Hirnwellen, die bei Aktivität des Arbeitsgedächtnisses entstehen, verstärken kann. Daraus schlossen die für die Studie verantwortlichen Forscher auf eine mögliche Effizienzsteigerung des Arbeitsgedächtnisses.

Daneben gibt es noch Mittel wie Kaffee und Ginseng, mit denen sich die Konzentrationsfähigkeit kurzzeitig erhöhen lässt. Ginseng *(Panax Ginseng)* kommt ebenso wie Ginkgo aus China. Sein Wirkstoff ist nicht in den Blättern, sondern in der Wurzel der Pflanze enthalten. Ginseng gehört zu den weltweit am häufigsten verwendeten Kräuterheilmitteln. Dennoch gibt es kaum gründliche wissenschaftliche Studien zu seiner Wirkung auf den Menschen, vermutlich deshalb, weil mit Ginseng, einem Naturprodukt, auf dem keine Patente liegen, nur wenig Profit zu machen ist. Bei neu entwickelten Medikamenten dagegen werden von der Pharmaindustrie hohe Summen in groß angelegte Studien investiert, weil sich diese Investitionen aufgrund der zu erwartenden Gewinne durchaus als rentabel erweisen. Die aktiven Bestandteile von Ginseng sind Ginsenoside und Panaxane. Wie Tierversuche zeigen, können diese Substanzen die Acetylcholinmenge im Gehirn positiv beeinflussen und den Stoffwechsel im Hippocampus fördern.

Kognitives Training

In einem Werbespot für das beliebte Nintendo-Spiel *Dr. Kawashimas Gehirnjogging* sieht man einen fit wirkenden 50-Jährigen zufrieden grinsen, nachdem ihm der Computer das mentale Niveau eines 46-Jährigen bescheinigt hat. Kurz zuvor hat er eine Reihe von Rechenaufgaben und andere kleine Testfragen gelöst. Danach hat der kleine Computer die Punktezahl registriert und mit der anderer Spieler verglichen. In einem anderen Spot sieht man eine etwa 50-jährige Frau mit einer etwas enttäuschten Miene, nachdem ihr geistiges Alter auf 63 beziffert worden ist. Doch es besteht Hoffnung: Sie kann ihre geistige Leistungsfähigkeit tatsächlich mit Gehirnjogging steigern! Vielleicht können Sie sich das noch nicht recht vorstellen: Hochbetagte, die Abende lang mit ihrem Nintendo spielen. Doch genau darin besteht die tägliche Beschäftigung der 100-jährigen Britin Kathleen Connell, wie sie der Zeitung *The Telegraph* berichtete. «Es ist absolut super, ich wüsste gar nicht, was ich ohne meinen Nintendo anfangen sollte.» Sie hat auch noch ein paar andere Spiele auf der Konsole, mit denen sie ihren Kopf fit hält, etwa Scrabble. Gehirnjogging setzt sich aus verschiedenen Tests zusammen, mit denen man sein Gedächtnis, seine Konzentration und seine Denkgeschwindigkeit trainieren kann. Manche wirken wie Rechenaufgaben, Puzzles oder Sprachlektionen, andere gleichen mehr den üblichen Computerspielen. So geht es in einem beispielsweise darum, zu zählen, wie viele Personen auf dem Monitor zu sehen sind. Dann wird ein Haus über die Personen gesetzt. Einige Personen verlassen das Haus, andere betreten es: Die Aufgabe des Spielers besteht nun darin, sich zu merken, wie viele Menschen sich jeweils im Haus aufhalten. Obwohl das Spiel in Zusammenarbeit mit einem Wissenschaftler (Dr. Kawashima, wie Sie sicherlich erraten haben) entwickelt wurde, gibt es bisher noch kaum wissenschaftliche Beweise dafür, dass dieses Training die mentalen Fähigkeiten älterer Menschen verbessern oder wenigstens ihr Nachlassen aufhalten kann. Für ein Spiel, das eigens zu diesem Zweck entwickelt wurde und von dem Hunderttausende verkauft werden, ist das überraschend. Nintendo war allerdings so klug, niemals zu behaupten, das Spiel könne geistigem Abbau beim Älterwerden entgegenwirken. Aber es kann sicher nicht schaden, ein solches Computertraining regelmäßig zu absolvieren. Wogegen ich jedoch etwas einzuwenden habe, ist die Berechnung eines «geistigen Alters»; denn etwas so Komplexes ist auf Basis einiger kurzer Tests mit einem Minicomputer einfach nicht möglich. Außerdem ist es auch unverantwortlich, einer 50-Jährigen ein geistiges Alter von 63 zu bescheinigen, ohne diese Auskunft fachkundig zu erläutern.

Gibt es kognitive Trainings, die besser erforscht sind? Ein kognitives Training ist ja nichts anderes als das Üben geistiger Fähigkeiten wie Gedächtnis, Konzentration und Denkvermögen. Menschen, die ihr Leben lang geistig gearbeitet haben, weil sie einen Beruf hatten, in dem viel gelesen und nachgedacht werden musste, haben ein geringeres Risiko, an Alzheimer zu erkranken. Das weist bereits in die Richtung eines positiven Effekts durch langfristige geistige Übung. In den vergangenen Jahren ist die Wirkung kurzzeitiger Trainings bei etwas älteren Menschen untersucht worden. Dabei handelt es sich vor allem um verschiedene Gedächtnistrainings. Sie unterscheiden sich allerdings von Studie zu Studie, da sich jeder Forscher eine eigene Übungsvariante überlegt; das macht es schwierig, allgemeine Aussagen zu formulieren. Dennoch lassen sich gewisse Trends aus den Ergebnissen der Untersuchungen zu dieser Trainingsform ablesen. Forscher der Universität von Südkalifornien haben sämtliche Daten der publizierten Studie zum kognitiven Training bei älteren Menschen analysiert. Daraus ging hervor, dass Senioren ihre mentalen Fähigkeiten durch Übung durchaus um zehn Prozent verbessern können. Was nicht wenig ist, denn der Abbau zwischen 65 und 75 Jahren beträgt durchschnittlich ca. zehn Prozent. Damit ist allerdings noch nicht gesagt, dass ein bereits erfolgter Abbau durch Training wieder rückgängig gemacht werden kann, denn während die Rückentwicklung ganz allgemein ist, ist das Training oft sehr spezifisch angelegt. Löst man viele Sudokus, wird man sehr gut im Lösen von Sudokus, was aber nicht heißt, dass man auch auf anderen Gebieten geistig reger geworden wäre.

Dennoch gibt es Hinweise darauf, dass Trainieren mit abwechslungsreichen Übungen die geistigen Fähigkeiten auch allgemein steigern kann. Wie der amerikanische Psychologieprofessor Arthur Kramer und die Wissenschaftlerin Chandramallika Basak, die beide an der Universität von Illinois forschen, demonstrieren, lässt sich ein solcher Effekt durchaus mit einem komplexen Computerspiel erreichen. Sie trugen zwanzig Senioren auf, das Echtzeit-Strategiespiel *Rise of Nations* zu spielen. Nach Spielende verglichen sie mithilfe neuropsychologischer Tests deren Leistung mit der Leistung von zwanzig Senioren, die das Spiel nicht gespielt hatten. In *Rise of Nations* müssen die Spieler ein eigenes Land regieren: Städte bauen, Menschen zu Arbeit und Brot verhelfen, ein Heer unterhalten und das eigene Territorium erweitern. Das beansprucht ziemlich stark die exekutiven Funktionen: das Arbeitsgedächtnis, die Fähigkeiten, zu planen, zu rechnen und den Überblick zu behalten, sowie das strategische Denken. Am Ende der Studie zeigte sich, dass die Senioren aus der Spielergruppe (im Schnitt waren sie 23,5 Stunden damit beschäftigt) in den neuropsychologischen Tests bessere Resultate erzielten.

Am Gehirn selbst lassen sich nach kognitivem Training tatsächlich Veränderungen erkennen. Allerdings gibt es auch dazu bisher nur wenige Untersuchungen. Nach einem halben Jahr Gedächtnis- und Denkgeschwindigkeitstraining mit durchschnittlich 69 Jahre alten Teilnehmern konnte eine Berliner Studie eine Verstärkung der Nervenverbindungen zwischen den Gehirnhälften ausmachen. Forscher der Wake-Forest-Universität in North Carolina berichteten nach einem achtwöchigen kognitiven Training mit einer Gruppe von etwa 70-jährigen Senioren über eine Steigerung der Blutzufuhr zum präfrontalen Cortex. Sie wurden mit einer gleichaltrigen Gruppe verglichen, die im selben Zeitraum an informativen Gesprächen zu Gesundheit und Altern teilnahmen. Die erhöhte Durchblutung des präfrontalen Cortex nach dem kognitiven Training ging mit einer Steigerung der Fähigkeit einher, sich zu konzentrieren und ablenkende Reize zu ignorieren.

Ein weiterer Vorteil des kognitiven Trainings besteht darin, dass sich ältere Menschen dabei besser fühlen. Eine spanische Studie zeigte, dass Senioren, die ein solches Training absolviert hatten, nicht nur bessere Ergebnisse in neuropsychologischen Tests erreichten, sondern auch ihre Lebensqualität höher bewerteten. Höchstwahrscheinlich finden sie es einfach angenehm, ein klein wenig mehr behalten oder etwas schneller begreifen zu können; es könnte aber auch daran liegen, dass sie durchaus registrieren, selbst etwas für die Beherrschung ihrer geistigen Fähigkeiten getan zu haben. Lebensqualität ist ein Begriff, der in der Wissenschaft verwendet wird, um das Maß des allgemeinen Wohlbefindens und der Zufriedenheit mit der eigenen Lebenssituation zu bezeichnen.

Was das Gedächtnis anbetrifft, so lassen sich vor allem für das Wort- und das anekdotische Gedächtnis, die am häufigsten trainiert werden, recht gute Trainingserfolge erzielen. In einem guten Training wird nicht nur geübt zu memorieren, es werden auch nützliche Strategien vermittelt. Das kann die bereits erwähnte Loci-Methode sein (bei der man Namen oder Gegenstände, die man sich merken soll, mit Orten verknüpft, an denen man, etwa bei einem Durchgang durch die eigene Wohnung, vorbeikommt). Eine andere wirkungsvolle Strategie besteht darin, sich von Anfang an stärker daran zu orientieren, Informationen abzurufen, als sie zu speichern. Angenommen, man möchte einen kurzen Text für eine Rede memorieren. Dann kann man den Text zwanzigmal nacheinander lesen und ihn auf diese Weise auswendig zu lernen versuchen. Schüler nennen das Pauken. Effektiver ist es allerdings, den Text nur dreimal zu lesen und dann, ohne aufs Papier zu schauen, zu testen, ob und woran man sich erinnern kann. Ab und zu wird man noch spicken müssen, aber man legt das Papier jedes Mal schnell wieder weg und versucht, sich zu erinnern, was genau dort stand. Das ist eine aktivere Lernmethode, die es einem erlaubt, im Text schneller eine Struktur zu entdecken, die das Einprägen erleichtert. Studien der Johns-Hopkins-Universität in Baltimore (Maryland), in denen 1401 Senioren ein Gedächtnistraining absolvierten, zeigten, dass die Senioren nicht nur lernten, dabei Gedächtnisstrategien einzusetzen und so ihr Gedächtnis zu stärken, vielmehr war dieser Effekt selbst fünf Jahre später noch zu beobachten. Das Gedächtnistraining wirkte sich auch positiv auf Alltagskompetenzen aus, etwa eigenständig zu wohnen, den Weg finden zu können, wichtige Dinge nicht zu vergessen.

Es gibt noch andere Methoden zur Verbesserung der Lernkompetenz. Um sich etwas zu merken, kann es beispielsweise hilfreich sein, verrückte Assoziationen herzustellen. Angenommen, Ihr Enkel muss zum Fußballplatz an der Beethovenstraße seines Wohnorts gebracht werden.

Um sich die Adresse einzuprägen, könnten Sie sich Beethoven am Klavier sitzend vorstellen: Während er eine fröhliche Sonate spielt, balanciert er einen Fußball auf dem Kopf. Ihr Enkel sieht verblüfft zu. Wie eine Studie des Amsterdamer Professors Richard Ridderinkhof nachgewiesen hat, kann eine positive Stimmung beim Lernen hilfreich sein. Wenn man sich gut fühlt, lernt man leichter. Man muss also dafür Sorge tragen, sich gut zu fühlen, wenn man etwas lernen will. Das ist wohl leichter gesagt als getan, dennoch gibt es Möglichkeiten, die eigene Lernstimmung zu beeinflussen. Kurz bevor man etwas lernt, kann man an positive Ereignisse oder an lustige Anekdoten denken. Musik, die man mag, aufzulegen, trägt ebenfalls dazu bei, sich in eine gute Stimmung zu versetzen. Auch kleine Belohnungen sind wichtig. Wenn man sich angestrengt hat, kann man sich danach etwas Schönes vornehmen. Man sollte jedoch darauf achten, dass das Schöne, das man sich gönnt, nicht ungesund ist (etwa jedes Mal ein Stück Torte zu essen), sonst kommt man vom Regen in die Traufe.

Wie lange hält die Wirkung eines mentalen Trainings an? Wie verschiedene Studien ergeben haben, kann die Stärkung des Gedächtnisses etwa zwei Jahre anhalten. Dann muss es sich aber um ein intensives Training handeln: wenigstens drei Monate lang dreimal wöchentlich eine halbe Stunde. Nach einer solchen intensiven Trainingsphase empfiehlt es sich, täglich ein wenig weiterzuüben, indem man sich selbst immer wieder zur Aufgabe macht, Dinge im Gedächtnis zu behalten: Namen von Personen, die einem begegnet sind, einzelne Posten auf einem Einkaufszettel, oder was man vor ein paar Tagen gegessen hat. Es ist nicht gesichert, dass solche Übungen dem allgemeinen Nachlassen des Gedächtnisses (teilweise) entgegenwirken können; dies bedarf erst noch genauerer Untersuchungen. Dass man den Gedächtnisschwund auf längere Sicht mit Übungen völlig aufhalten kann, ist nicht wahrscheinlich. Aber zu wissen, dass das Gedächtnis durch ständiges Üben leistungsfähiger bleibt, ist schon viel wert. Es ist ebenfalls ungesichert, ob man nur die trainierten oder auch andere Gedächtnisfähigkeiten ausbaut. Angenommen, Sie haben viele Wörterlisten auswendig gelernt und dabei Ihr Gedächtnis verbessert. Ist dann nur das Gedächtnis für Wörterlisten gestärkt worden oder auch das Gedächtnis für den Platz, an dem die Limonade im Supermarkt zu finden ist? Im letzteren Fall ist ja das räumliche Gedächtnis betroffen, und das haben Sie nicht trainiert. Bislang gehen wir davon aus, dass das Training vor allem im Hinblick auf die geübte Aufgabe wirksam ist.

Dennoch gibt es auch Studien, die eindeutig nachgewiesen haben, dass untrainierte ältere Menschen bei kognitiven Tests bessere Resultate erzielen können, wenn sie andere vergleichbare Fertigkeiten einüben. Dies scheint vor allem für Anforderungen zu gelten, die mit dem Erlernen von vielseitigen und komplexen Fertigkeiten verbunden sind. Beispiele dafür sind das Erlernen einer neuen Sprache und das Spielen eines Musikinstruments. Musikmachen ist sehr gut für unsere geistigen Fähigkeiten, für Kinder wie für Erwachsene. Eine Studie unter Beteiligung von 70 gesunden Senioren zwischen 60 und 83 Jahren mit unterschiedlicher musikalischer Erfahrung zeigte, dass diejenigen, die regelmäßig ein Instrument spielten, bei verschiedenen neuropsychologischen Tests bessere Ergebnisse erzielten. Je länger jemand ein Musikinstrument spielte (viele hatten schon im Alter von etwa zehn Jahren damit begonnen), umso besser waren die erzielten Testergebnisse. Die Forscherin Brenda Hanna-Pladdy von der Universität von Emory sagte dazu: «Es kostet Jahre, um ein Instrument vollständig und sicher zu beherrschen. Möglicherweise entstehen während dieser Zeit Verbindungen in unserem Gehirn, die den Abbau des alternden Gehirns kompensieren können.» Ein anderer Vorschlag für ein realitätsnahes Training stammt von Neuropsychologen der Washington-Universität in St. Louis (MO): die Teilnahme an einem Kurs für Vogelobservation. Sie trainieren Ihr Gedächtnis, indem Sie sich die verschiedenen Namen und das unterschiedliche Aussehen der Vögel merken; außerdem sind Sie sozial aktiv, da Sie etwas in einer Gruppe unternehmen. Die körperlichen Anforderungen, die mit der Bewegung in der freien Natur verbunden sind, sind ein schöner Zusatzeffekt. Es sind freilich noch weitere Studien erforderlich, um den Nachweis zu erbringen, dass solche Kurse die mentalen Funktionen auf Dauer steigern (oder ihren Abbau hinauszögern) können.

Ein 102-jähriger Mann aus Belgien erhielt im Februar 2012 eine Aufforderung der städtischen Vorschule, sich in Kürze für das erste Schuljahr anzumelden. Es handelte sich ganz offenbar um einen Verwaltungsfehler. Aber vielleicht werden in Zukunft durchaus solche Briefe verschickt, allerdings nicht für die Vorschule, sondern für eine Schule der 70- und 80-Jährigen. In gewissem Sinne existieren solche Schulen eigentlich schon. 2011 feierte in Groningen die Seniorenakademie ihr fünfundzwanzigjähriges Bestehen. Solche Akademien, die es in Deutschland etwa in Frankfurt/Oder, München, Rostock und Saarbrücken gibt, bieten Kurse für Senioren an, die sich weiterentwickeln wollen. Auf Grundlage der wissenschaftlichen Forschung, die wir haben Revue passieren lassen, können wir getrost davon ausgehen, dass solche Kurse ein gutes Mittel sind, um sich auch im Alter einen scharfen Verstand zu bewahren.

Körperliche Bewegung

Das Beste kommt zum Schluss: Körperliche Bewegung – dafür gibt es die überzeugendsten Beweise – ist ein gutes Mittel zur Erhaltung unsere Geisteskräfte. *«Mens sana in corpore sano»* (Ein gesunder Geist in einem gesunden Körper) ist seit der Antike ein geflügeltes Wort. Bedeutet das auch, dass die Förderung körperlicher Gesundheit durch Sport hilfreich sein kann, um dem geistigen Abbau entgegenzuwirken? Und wie würde das dann funktionieren?

Viele ältere Menschen bewegen sich nicht ausreichend. Menschen ab 55 bewegen sich weniger als der Durchschnitt der Bevölkerung, und mit steigendem Alter vergrößert sich dieser Abstand noch. Der Dachverband der Seniorenorganisationen in den Niederlanden lancierte daher im Frühjahr 2012 die Kampagne «Mehr Bewegung, auch in höherem Alter». In den Niederlanden etwa gilt für über 55-Jährige als Norm für gesunde Bewegung: wenigstens eine halbe Stunde mäßig intensive körperliche Aktivität an mindestens fünf, am besten an allen Tagen der Woche. «Mäßig intensive» Bewegung führt dazu, dass sich die Atmung beschleunigt, der Herzschlag erhöht, dem Betreffenden warm wird und er zu schwitzen beginnt. 40 Prozent der 55- bis 64-Jährigen bewegen sich nicht dieser Richtlinie entsprechend. Und von der Gruppe der 65- bis 74-Jährigen bewegen sich nahezu 44 Prozent, von den über 75-Jährigen 54 Prozent zu wenig. Dass Bewegung der Gesundheit zugutekommt, steht außer Frage. Gibt es jedoch einen Nachweis dafür, dass auch das Gehirn davon profitiert?

2004 hatte Maaike Angevaren, Physiotherapeutin am Forschungszentrum für Innovation im Gesundheitswesen der Fachhochschule Utrecht, mit mir Kontakt aufgenommen. Sie hatte ein ehrgeiziges Ziel vor Augen: Sie wollte einen Übersichtsartikel über die Wirkung von Sport auf die geistige Leistungsfähigkeit von Senioren erstellen, um ihn der *Cochrane Library* anzubieten, dem Informationsportal der *Cochrane Collaboration* mit Datenbanken zu systematischen Übersichtsarbeiten und kontrollierten klinischen Studien. Dabei handelt es sich um eine internationale Interessengemeinschaft gemeinnützig orientierter Forscher, die unbezahlt maßgebliche Übersichtsarbeiten zu den verschiedensten Behandlungen veröffentlichen. Charakteristisch für diese Übersichten ist die Integration aller verfügbaren Daten aus fundierten Studien für die abschließende Beurteilung von Behandlungsmaßnahmen. Ich fand die Idee ausgezeichnet, die dort verfügbaren Veröffentlichungen auf diese wichtige Frage hin zu untersuchen, und erklärte mich gern dazu bereit, in dem von Angevaren zusammengestellten Team, zu dem auch ein Sportphysiologe und ein Geriater gehörten, mitzuarbeiten. Angevarens Interesse bezog sich in erster Linie auf die aerobische Körperbewegung, bei der sich der Herzschlag und die Atmung beschleunigen. Intensive Bewegung fördert nämlich sowohl die Herz- als auch die Lungenfunktion. Und eine gute Blut- und Sauerstoffzufuhr ist für ein gut funktionierendes Gehirn von höchster Bedeutung. Außerdem senkt ein gesünderes Herz das Risiko, einen Herzinfarkt oder eine Hirnblutung zu erleiden. Angevaren übernahm das Bibliographieren. Sie fand elf Artikel, die über die Ergebnisse fundierter Studien berichteten und die Auswirkungen von Trainings mit intensiver körperlicher Bewegung auf die geistige Leistungsfähigkeit beschrieben. In einem typischen Beispiel einer solchen Studie hatten die Teilnehmer drei Monate lang dreimal wöchentlich eine halbe Stunde ein intensives Fitnesstraining zu absolvieren. Parallel dazu gab es eine Kontrollgruppe von Senioren, die lediglich Dehn- und Streckübungen machten. Die meisten Studien stellten eine Verbesserung der Herz- und Lungenfunktion wie auch der geistigen Leistungsfähigkeit innerhalb der Gruppe fest, die intensiv Fitness betrieb, wenngleich sich das Training nicht auf alle in der Untersuchung durchgeführten neuropsychologischen Tests auswirkte. Denkgeschwindigkeit und Konzentrationsfähigkeit profitierten am meisten. Angevaren kommentiert das wie folgt: «Man kann das Gehirn mit der Zeit vergleichen, die ein Computer zum Hochfahren braucht. Je älter der Computer ist, desto länger braucht er.»[4] Training kann die Informationsverarbeitung des Gehirns wieder beschleunigen. Im Übrigen ist mit der gleichzeitigen Verbesserung der Herz-Lungen-Funktion und der geistigen Fähigkeiten noch lange nicht gesagt, dass das eine automatisch aus dem anderen folgt. Es können durchaus andere Faktoren mit im Spiel sein, die durch die intensive Bewegung beeinflusst werden, etwa Substanzen in unserem Körper wie Wachstumsfaktoren, die im Blut freigesetzt werden und sich positiv auf das Gehirn auswirken. Darüber gleich mehr.

Wirkt sich das ganze Keuchen und Schwitzen im Fitnessstudio oder im Park überhaupt auf unser Hirngewebe aus? Ganz gewiss, denn es vergrößert unser Gehirn. Und das kann angesichts des durchschnittlichen Hirngewebeabbaus von ungefähr 15 Prozent zwischen dem 30. und 90. Lebensjahr kaum von Nachteil sein. In einer Studie wurde die graue Substanz des Gehirns bei 60 Teilnehmern zwischen 60 und 79 Jahren, die über sechs Monate entweder intensive Bewegungsübungen oder Dehn- und Streckübungen durchführten, mit MRT-Scans gemessen. Nur in der Gruppe, die sich intensiv bewegte, war nach sechs Monaten Training eine Zunahme der grauen und weißen Substanz im vorderen Teil des Gehirns zu erkennen. In einer anderen von Forschern der Universität von Pittsburgh (Pennsylvania) durchgeführten Studie wurden 120 Teilnehmer (mit einem Durchschnittsalter von 67 Jahren) in der üblichen Weise in zwei Gruppen eingeteilt: eine, die sich intensiv bewegte, und eine zweite, die nur Dehn- und Streckübungen machten. Dieses Mal verglich man ihre MRT-Scans nach Ablauf eines Jahres miteinander. Hierbei galt die besondere Aufmerksamkeit dem Hippocampus, der für das Speichern von Informationen in unserem Gedächtnis eine große Rolle spielt. Nach einem Jahr stellte sich heraus, dass sich der Hippocampus bei den Teilnehmern aus der sich intensiv bewegenden Gruppe um zwei Prozent vergrößert hatte, während er bei den Teilnehmern an der Dehn- und Streckgruppe um 1,5 Prozent geschrumpft war. Letzteres entspricht dem normalen Abbau des Hippocampus bei älteren Menschen dieses Alters. Die Forscher hatten sich auch noch zwei andere im Verlauf des Alterungsprozesses weniger wichtige Hirnregionen vorgenommen. Dort fanden sie keine Unterschiede. Es ist also nicht der Fall, dass jede Hirnregion von intensiver Bewegung profitieren würde, wohl aber Regionen, die vom Alterungsprozess besonders negativ betroffen sind. Was die Ergebnisse noch überzeugender macht, ist die Tatsache, dass sich auch die Gedächtnisleistung gesteigert hatte. Je mehr graue Substanz sich im Hippocampus neu gebildet hatte, desto besser funktionierte das Gedächtnis. Aufgrund dieser Studien haben wir ein tieferes Verständnis dafür gewonnen, warum sich Sporttreiben günstig auf unsere mentalen Fähigkeiten auswirkt: Unsere grauen Zellen erhalten dadurch Verstärkung. Darüber hinaus ging aus Studien mit großen Teilnehmerzahlen hervor, dass regelmäßiger Sport das Alzheimerrisiko erheblich reduziert. Einige Studien belegen sogar eine mögliche Verringerung dieses Risikos um die Hälfte. Besonders günstig ist es, wenn jemand sein ganzes Leben lang körperlich aktiv ist. Aber auch Menschen, die erst mit 60 den Sport für sich entdecken, profitieren noch davon. Bewegung ist nicht nur gut fürs Gehirn, sie senkt auch das Risiko für chronische Krankheiten. Ausreichende Bewegung hat nachweisbare positive Effekte bei hohem Blutdruck, Übergewicht, einem zu hohen Cholesterinspiegel und einem zu hohen Blutzuckerspiegel, der für Altersdiabetes verantwortlich ist.

Wie kommt es, dass Körperbewegung die grauen Zellen in unserem Oberstübchen stärker auf Trab bringt? Einerseits ist dafür eine verbesserte Sauerstoffversorgung des Gehirns maßgeblich, andererseits werden aber auch die Wachstumsfaktoren aktiviert. Intensive Bewegung stimuliert nämlich die Abgabe von Wachstumshormonen in die Blutbahn und ins Gehirn. Einer dieser Stoffe ist IGF, dem wir an anderer Stelle bereits begegnet sind. IGF fördert die Regeneration von beschädigtem Hirngewebe sowie das Wachstum von Neuronen und neuen Verbindungen zwischen den Neuronen. Ein anderer Wirkstoff, für den sich die Wissenschaftler sehr interessieren, ist BDNF. Die Abkürzung steht für *Brain-Derived Neurotrophic Factor* (deutsch: vom Gehirn stammender neurotropher Faktor), ein im Gehirn gebildeter Stoff, der das Neuronenwachstum fördert. Anders als der Name suggeriert, wirkt diese Substanz nicht nur im Gehirn, sondern auch in anderen Körperregionen, wo sie gleichfalls die Regeneration und das Wachstum von Nervengewebe unterstützt. In der zuvor erwähnten Pittsburgher Studie, die den Nachweis einer Vergrößerung des Hippocampus nach einem Jahr intensiver Bewegung erbracht hatte, war auch die BDNF-Konzentration im Blut der Teilnehmer gemessen worden. Was stellte sich heraus? Eine Erhöhung dieser Konzentration ging mit einer entsprechenden Zunahme der grauen Zellen im Hippocampus einher.

Dieser Befund bestätigt Ergebnisse aus Tierversuchen, nach denen anstrengende körperliche Bewegung den positiven Effekt von Wachstumshormonen auf das Gehirn begünstigt. Kurzum, die einfachste Art und Weise, sein Gehirn so gesund wie möglich zu halten, besteht darin, dreimal wöchentlich mindestens eine halbe Stunde lang in einem zügigen Tempo zu laufen, zu schwimmen, zu radeln oder Fitness zu treiben. Ohne in die Drogerie oder Apotheke gehen zu müssen, erhält man auf diese Weise dank der wundersamen Wirkmechanismen des eigenen Körpers die allerbeste Medizin.

Es gibt Formen der Bewegung, die einem weniger Anstrengung abverlangen als Sport und dennoch sinnvoll sein können. Dies ist für ältere Menschen wichtig, die schlecht zu Fuß sind. Exemplarisch dafür steht Tai-Chi, eine jahrhundertealte chinesische Bewegungslehre, bei der man langsame, fließende Bewegungen vollführt, die auf Verteidigungsmustern gegen imaginäre Angreifer basieren. Die Bewegungsmuster zielen auf das An- und Entspannen von Muskeln und den bewussten Einsatz der Atmung ab. Obwohl für die altchinesischen Vorstellungen über Energiebahnen, die dem Tai-Chi zugrunde liegen, kein wissenschaftlicher Nachweis existiert, gibt es durchaus Untersuchungsergebnisse, die auf einen positiven Einfluss dieser Bewegungsart auf die Gesundheit hindeuten. Tai-Chi kann man bis ins hohe Alter ausüben. Auch in diesem Fall sind aber noch weitere Studien erforderlich, um die Auswirkungen auf das Gehirn zu erkunden.

Dasselbe gilt für die These des Amsterdamer Neuropsychologen Erik Scherder, dass Kauen gut fürs Gehirn sei. Es gibt Hinweise aus der Forschung, dass Kauen die Sauerstoffzufuhr zum Gehirn verbessern und die mentale Leistungsfähigkeit fördern kann. Viele alte Leute haben Probleme mit dem Kauen und essen daher Nahrungsmittel, die nur wenig gekaut werden müssen – wodurch sie noch weniger zum Kauen angeregt werden. Scherder plädiert daher für gebisserhaltende Maßnahmen bei älteren Menschen; sie sollten Speisen zu sich nehmen, für deren Verzehr sie ihre Zähne und Kiefer gebrauchen müssen. Wenn es nach ihm ginge, müssten die Pflegeheime massenhaft Kaugummi anbieten.

Wichtige Erkenntnisse

- Körperliche Bewegung hilft, den eigenen Verstand wach zu halten. Gedächtnis- und Konzentrationstrainings können ebenfalls helfen. Es mag vielleicht den Eindruck erwecken, als würde man offene Türen einrennen, aber mindestens 50 Prozent der Menschen über 65 bewegen sich zu wenig und sorgen nicht genug für ihre geistige Stimulierung.

- Es gibt keine Medikamente, die unser Gehirn oder unser Denkvermögen sicher und zuverlässig verbessern. Es werden jedoch neue Substanzen getestet, die dies leisten sollen.
- Ein Placebo-Medikament für ein besseres Gedächtnis hat auffallend positive Auswirkungen.
- Viele Präparate erheben den Anspruch, gut fürs Gehirn zu sein, doch nur für Vitamin B12 und Omega-3-Fettsäuren ist wissenschaftlich erwiesen, dass sie zu Verbesserungen führen oder den geistigen Abbau verlangsamen können.
- Menschen, die ihr Leben lang geistig viel gearbeitet haben, haben ein geringeres Risiko, an Alzheimer zu erkranken.
- Menschen, die regelmäßig Sport treiben, haben ein noch geringeres Alzheimerrisiko. Am besten ist es, bereits in jungen Jahren sportlich aktiv zu sein, aber auch Menschen, die erst im Alter von 60 Jahren damit beginnen, können davon noch profitieren.
- Für ältere Menschen, die schlecht zu Fuß sind und sich trotzdem bewegen wollen, ist Tai-Chi sehr gut geeignet.

7 verstand kommt mit den jahren

Warum ältere Menschen weiser sind

Wenn mich jemand fragt, wen ich für einen weisen Menschen halte, dann denke ich an Kofi Annan. Er vermittelt nicht nur den Eindruck, freundlich und weise zu sein, er wird es wohl auch sein. Obwohl ich dem ehemaligen UN-Generalsekretär und Friedensnobelpreisträger nie persönlich begegnet bin, schließe ich das aus seiner Darstellung in den Medien: Er wirkt taktvoll und klug. 2007 war Kenia nach den Wahlen, die nach Einschätzung von Beobachtern mit Sicherheit nicht korrekt abgelaufen waren, in heller Aufregung. Nach offiziellen Zählungen sollte der amtierende Präsident Kibaki 47 Prozent der Stimmen erhalten haben, sein Rivale, der Oppositionsführer Odinga, 44 Prozent. Viele hatten jedoch ihre Zweifel, ob es mit den ausgezählten Stimmen auch seine Richtigkeit hatte. Zwischen den von den Politikern beider Lager aufgehetzten Anhängern der konkurrierenden Präsidentschaftsanwärter, die verschiedenen Stämmen angehörten, kam es zu bewaffneten Auseinandersetzungen. Mit Hunderten von Toten. Lange Zeit galt Kenia als eines der stabilsten und wohlhabendsten Länder Afrikas. Es bildete einen Anziehungspunkt für Touristen, die dort an Safaris teilnahmen.

Nun war das Land zum Schauplatz von Lynchjustiz geworden und voller Menschen, die panisch vor ihren Landsleuten flohen. Binnen kurzer Zeit wurde der Vorsitzende der Afrikanischen Union, der Präsident von Ghana, damit beauftragt, eine Annäherung der Parteien zu erwirken und eine Lösung zu finden. Doch es gelang ihm nicht einmal, Kibaki und Odinga gemeinsam an einen runden Tisch zu bekommen. Daraufhin erklärte sich der damals fast 70-jährige Kofi Annan bereit, in die Verhandlungen einzugreifen. Er brachte eine Versöhnung der beiden Parteien zuwege, die es ermöglichte, eine Regierung der nationalen Einheit mit Kibaki als Präsidenten und Odinga als Premierminister zu bilden. Zweifellos braucht es große Weisheit, um unter derart widrigen Bedingungen eine Annäherung der gegnerischen Parteien zu bewirken.

Aber auch von Weisen kann man nichts Unmögliches verlangen. So gelang es Annan nicht, den irakischen Diktator Saddam Hussein zu einer Zusammenarbeit mit dem Sicherheitsrat zu bewegen. Der UN-Präsident sprach im Februar 1998 drei Stunden lang mit Saddam Hussein und setzte hierbei seine ganze Überzeugungskraft ein. Später sagte er über dieses Gespräch: «Letzten Endes steht mir nur ein einziges Mittel zur Verfügung, und das ist Vernunft, Überzeugungskraft.» Er versucht, Regierungschefs zu überzeugen, indem er sich darum bemüht, die Situation mit den Augen des anderen zu betrachten, um auf diese Weise Anknüpfungspunkte zu finden. Das ist ein wichtiges Element von Weisheit: Auf der Grundlage von Wissen aus der Vergangenheit und unter Berücksichtigung der unterschiedlichen Perspektiven Einsichten zu entwickeln, die längerfristig Positives bewirken können.

Weisheit wird in allen Kulturen mit Erfahrung und der

Weitergabe von Wissen aus der Vergangenheit in Verbindung gebracht. Im Zuge seiner Forschungen bei Indianern in einem Reservat in Süd-Arizona sprach der amerikanische Psychologe Louis Cozolino mit einem Stammesführer, der sich Mister John nannte. Mister John, mit seinen klaren, tief in einem dunklen, zerfurchten Gesicht versunkenen Augen, wurde von Cozolino auf 80 Jahre geschätzt. Cozolino fragte ihn nach seinen Vorstellungen von Weisheit. Der alte Indianer antwortete, Weisheit rühre aus Einsichten her, die von den Ahnen stammten und von den Ältesten weitergetragen würden. Menschen bräuchten eine Gemeinschaft, innerhalb derer sie zusammenleben, und diese bestünde bei ihnen in dem Stamm, dem man angehöre. So sprach Mister John und fuhr fort: Die Erzählungen der Alten bringen uns in Verbindung mit unseren Vorfahren. Jüngere Menschen brauchen Führung, um Entscheidungen treffen zu können, die langfristig für sie selbst und für andere gut sind. Solche Entscheidungen sollten dazu führen, dass andere sie mit Liebe und Freundschaft umgeben. Diese Menschen, die zu ihnen stehen, sind der Reichtum ihres Lebens.

Mister Johns Worte stehen in diametralem Gegensatz zu dem Slogan, der in den Achtzigerjahren auf den Postern in Naturkundeabteilungen mancher amerikanischer Universitäten zu lesen war: «Man kann die Probleme von heute nicht mit dem Wissen von gestern lösen.» Viele wissenschaftliche Erkenntnisse verändern sich tatsächlich im Lauf der Jahre. Neues Wissen kommt hinzu. Aber sind Weisheit und Wissen denn immer miteinander gleichzusetzen? Jüngere Menschen haben meistens eine bessere Ausbildung genossen, sie können gut mit modernen Medien umgehen. In kürzester Zeit kann man sich Informationen aus dem Internet beschaffen. Begreifen wir Weisheit jedoch als Verständnis für komplexe Lebensfragen und souveränen Umgang mit schwierigen Situationen, fallen die gelebten Jahre durchaus ins Gewicht.

Was ist Weisheit?

Zu allen Zeiten und in allen Kulturen hat es Menschen gegeben, die von ihren Mitmenschen wegen ihrer Weisheit gerühmt wurden. Oft waren es Greise, die von ihrer Gemeinschaft wegen ihrer Einsicht zu Fragen des Lebens geschätzt wurden, einer Einsicht, die auf religiöser Erfahrung und philosophischem Wissen basierte.

Wie aber kann ein alternder Mensch, dessen graue Zellen schrumpfen, dessen Gedächtnis und Konzentrationsfähigkeit abnimmt, zugleich auch weise sein? Um diese Frage beantworten zu können, müssen wir zunächst klären, was genau unter Weisheit zu verstehen ist, und anschließend schauen, ob Weisheit tatsächlich mit dem Alter zunimmt und wie sich diese Entwicklung mit den Veränderungen im Gehirn erklären lässt.

Wissenschaftliche Forschung bedarf einer Definition. Aber es ist gar nicht so leicht, genau zu benennen, was Weisheit denn nun ist. Daher kommen in der Forschung unterschiedliche Definitionen zur Sprache. Die folgende eignet sich gut als Ausgangspunkt: Weisheit bedeutet, Einsicht in eine komplexe Situation zu haben, mittels derer ein optimales Verhalten gefördert wird. Sie trägt zu einem optimalen Verhalten bei, das möglichst viele Beteiligte zufriedenstellt und das Wohlergehen eines jeden berücksichtigt.[1] Das ist sicher keine abschließende Definition. Um herauszufinden, was Menschen im Allgemeinen unter Weisheit verstehen, haben österreichische Wissenschaftler 2000 Leser der Zeitschrift *GEO* befragt. Häufig genannt wurden: die Fähigkeit, komplexe Dinge (einschließlich zwischenmenschlicher Beziehungen) zu durchschauen, Wissen und Lebenserfahrung, Selbstreflexion und Selbstkritik, Akzeptanz der Sichtweisen und Werte anderer, Empathie und Menschheitsliebe, Ausrichtung auf das Gute. Diese Elemente von Weisheit sind nicht nur für die *GEO*-Leser gültig, sie finden auch weltweit Akzeptanz. Die amerikanischen Psychiater Thomas Meeks und Dilip Jeste ergänzten diese Liste noch um emotionale Stabilität und Entschlusskraft in unsicheren Situationen. Als letztes Element könnte man noch den Sinn für Humor hinzufügen. Obwohl er für Weisheit nicht unabdingbar ist, ist doch davon auszugehen, dass der Sinn für Humor durch die Fähigkeit gefördert wird, sich selbst zu relativieren. Von Madame Jeanne-Louise Calment, der Französin, die 122 Jahre alt geworden ist, sind verschiedene humorvolle Aussagen überliefert. Bei einem Interview anlässlich ihres 120. Geburtstags sagte der Journalist vorsichtig, er hoffe, ihr im nächsten Jahr wieder gratulieren zu können. Worauf das Geburtstagskind antwortete, dass sie das für sehr wahrscheinlich hielte: Er mache ja einen gesunden Eindruck.

Obwohl Weisheit seit Menschengedenken als eine wichtige menschliche Eigenschaft anerkannt wird, fand sie bis vor kurzem in wissenschaftlichen Studien zum Älterwerden kaum Beachtung. Das könnte daran liegen, dass die westliche Kultur die kognitiven Fähigkeiten betont. Diese Fähigkeiten wie Gedächtnis, Konzentrationsfähigkeit und logisches Denken sind natürlich umfassend erforscht worden. Doch Wissen, Können oder Sachverstand sind nicht das Gleiche wie Weisheit. Weisheit hat etwas mit einer tieferen Einsicht in das Leben zu tun sowie mit unserer Fähigkeit, in unsicheren Situationen Entscheidungen zu treffen. Weisheit zeigt sich in der richtigen Balance zwischen einander entgegengesetzten Polen wie Stärke und Schwäche, Zweifel und Sicherheit, Abhängigkeit und Unabhängigkeit, Endlichkeit und Ewigkeit. Beim Thema Weisheit denken wir an Menschen, die in schwierigen Situationen einen guten Rat geben und ein ausgewogenes Urteil fällen können.

Doch sollte man bei der Erforschung von Weisheit nicht nur den Einzelnen in den Blick nehmen. Was in den jeweiligen Kulturen als weise gilt, hat auch in Schriften, oftmals in religiösen Texten, seinen Niederschlag gefunden. In der westlichen Kultur bildet die Bibel hierfür das bekannteste Beispiel. Im Alten Testament, in den Sprüchen Salomons, wird Weisheit als ein wichtigerer Besitz als Silber und Gold beschrieben. «Ruft nicht die Weisheit, und lässt nicht die Klugheit sich hören? Nehmt meine Zucht an lieber als Silber und achtet Erkenntnis höher als kostbares Gold. Denn Weisheit ist besser als Perlen, und alles, was man wünschen mag, kann ihr nicht gleichen.»[2] Die Bibel bringt Weisheit auch mit dem Alter in Verbindung: «Bei den Großvätern ist die Weisheit, und der Verstand bei den Alten.»[3] Wahre Weisheit gewinnt man in der persönlichen Beziehung zu Gott, als dem Urquell der Weisheit. Der Kirchenvater Augustinus hat zwei Arten von Wissen unterschieden: «sapientia», das Wissen und die Erkenntnis des Zeitlosen und Ewigen (Weisheit), und «scientia», das Wissen über die natürliche, materielle Welt. Letzteres würden wir heute als Wissenschaft («science») bezeichnen, wohingegen «sapientia» die richtige Lebenseinstellung und Lebensgestaltung betrifft.

Bereits in den Jahrhunderten vor Augustinus haben für das westliche Denken einflussreiche griechische und römische Philosophen der Weisheit große Bedeutung beigemessen. Sophokles (5. Jh. v. Chr.) schrieb in seinem Drama *Antigone* sogar: «Weisheit ist das höchste Glück.»

Doch nicht nur im Westen, auch in der östlichen Kultur steht Weisheit schon seit Jahrhunderten hoch im Kurs. Das östliche Denken über Weisheit hat viele Berührungspunkte mit dem, was im Westen darunter verstanden wird. Ein bedeutendes Weisheitsbuch des Orients ist die ungefähr im 5. Jahrhundert v. Chr. in Indien verfasste *Bhagavad Gita*. Nach ihr schließt Weisheit als die Gesamtheit der Lebenserfahrung den Umgang mit Gefühlen, mit Selbstbeherrschung, der Liebe zu Gott, mit Mitleid, Demut und Selbstaufopferung ein. Diese Elemente finden sich auch im westlichen Denken. Der amerikanische Psychologe Douglas Powell, der für seine Studie 300 Senioren interviewt hat, bezeichnet Demut als ein «Geschenk der Lebenserfahrung». Ältere Menschen haben in ihrem Leben Zeiten der Enttäuschung, des Scheiterns, der verpassten Chancen und einiges an Pech erlebt. Solche Rückschläge werden von Forschern und Psychologen gelegentlich auch als «Weisheit fördernde Umstände» bezeichnet.

In der chinesischen Zivilisation war das *Tao Te King* sehr einflussreich. Es ist eine der wichtigsten Schriften des Taoismus und stammt in etwa aus dem 6. Jahrhundert v. Chr. Darin wird die Bedeutung von Vernunft relativiert: Intuition und Mitgefühl sind es, die uns auf den Weg zur Weisheit führen. Einflussreich wurde zudem das Denken von Konfuzius (551–479 v. Chr.). Er rief dazu auf, die Welt zu verbessern, betonte jedoch, dass man dazu zunächst bei sich selbst beginnen müsse. «Wer weiß, was er weiß, und weiß, was er nicht weiß, ist weise», so Konfuzius. Dieses Element einer Einsicht in die Begrenztheit eigenen Wissens findet sich auch im modernen Weisheitsbegriff wieder. Dieses Relativierungsvermögen ist gerade bei älteren Menschen aufgrund ihrer Lebenserfahrung oft anzutreffen. Joanne (73) beispielsweise hat nicht das Gefühl, dass ihre geistigen Fähigkeiten in den vergangenen Jahren nachgelassen hätten. Sie weist gern darauf hin, dass Intelligenz etwas anderes als Weisheit sei. Und nach ihrer Ansicht ist sie im Lauf der Jahre weiser geworden. Heute weiß sie besser, warum sie bestimmte Entscheidungen trifft, da sie nun die Vor- und Nachteile der verschiedenen Konsequenzen besser erkennen kann. «Ich bin mir heute nicht mehr so sicher, ob ich immer richtig liege, aber das ist gar nicht so verkehrt.»[4]

Wie ältere Menschen argumentieren

Der Schweizer Psychologe Jean Piaget (1896–1980) hat einen wichtigen Beitrag zum Verständnis der Entwicklung des kindlichen Denkens geleistet. Er unterscheidet verschiedene Entwicklungsphasen bis hin zur letzten Phase, dem «formalen Denken». Es bildet sich in etwa im 11. Lebensjahr aus und entwickelt sich noch bis zum Erwachsenenalter weiter. Wer formal denken kann, kann logisch argumentieren und abstrakte Probleme lösen. Das bedeutet, er ist dazu fähig, verschiedene mögliche Erklärungen für ein Problem durchzuspielen und auf ihre Logik hin zu prüfen. Die falschen Lösungen können dann «abgehakt» werden, bis schließlich die zutreffende Erklärung übrig bleibt, so jedenfalls die Theorie. Angenommen, das Handy eines zwölf Jahre alten Kindes funktioniert nicht mehr. Das Kind überlegt sich nun, ob der Ausfall vielleicht darauf zurückzuführen ist, dass das Handy tags zuvor ins Wasser gefallen oder die Batterie leer ist. Zuerst testet es durch Aufladen des Geräts den zweiten Erklärungsansatz. Funktioniert das Handy nach einigen Stunden immer noch nicht, schließt es auf einen möglichen Wasserschaden. In dieser Art von logischem Denken sind ältere Menschen nicht besser als 20-Jährige, es sei denn, es handelt sich um komplexe Vorgänge, etwa das Abschließen eines Hypothekendarlehensvertrages, für deren Verständnis es hilfreich ist, über Erfahrung mit vergleichbaren Situationen zu verfügen. Bei völlig neuartigen, konstruierten Problemen, denen man oft in psychologischen Experimenten begegnet, sind Ältere sogar leicht im Nachteil, da in diesen Fällen hohe Anforderungen an das Konzentrationsvermögen und das Arbeitsgedächtnis gestellt werden; und deren Leistung lässt beim Älterwerden nun einmal nach.

Dennoch gibt es auch eine Dimension des Denkens, die sich mit dem Älterwerden verbessert. In Piagets Begrifflichkeit wird sie als «postformales Denken» bezeichnet. Postformales Denken betrifft komplexe Alltagsprobleme, für die mehrere Lösungen möglich sind. In solchen Situationen besteht eine größere Unsicherheit, sodass mehr Flexibilität gefordert ist. Um eine gute Lösung zu finden, muss man sich in vielen Fällen in andere hineinversetzen können. In einer Problembeschreibung, die innerhalb eines Experiments jungen und älteren Personen vorgelegt wurde, wird die Situation einer Studentin geschildert, die in ihrer Arbeit ganze Teile aus Wikipedia übernommen und damit ein Plagiat begangen hat.[5] Die Studentin gibt zu, den Text übernommen zu haben, führt zu ihrer Verteidigung jedoch an, sie habe nie gelernt, dass man auf Quellen hinweisen müsse und auf welche Weise das zu tun sei. Nun werden Sie gefragt, welche Maßnahmen Sie einleiten würden, wenn Sie in der Prüfungskommission säßen. Im Leitfaden, den alle Studenten erhalten haben, wird Plagiieren als ein ernster Verstoß bezeichnet, der mit Suspendierung oder Zwangsexmatrikulation bestraft werden kann. Wie antworteten die Teilnehmer an dem Experiment? Viele junge Leute waren der Ansicht, dass die Studentin von der Universität verwiesen werden müsse. Diese Entscheidung basiert auf dem von Piaget beschriebenen formalen Denken. Es handelt sich um einen logischen Schluss: Eine Regel wurde übertreten, also wird die dafür vorgesehene Maßnahme eingeleitet. Viele ältere Menschen hingegen waren sich ihrer Sache nicht so sicher und verlangten erst noch zusätzliche Informationen. War die Studentin tatsächlich nicht über den Verfahrensablauf informiert? Wie weit war sie in ihrer Ausbildung fortgeschritten? Wurde gut erklärt, was ein Plagiat ist? Je nachdem, wie die Antworten auf diese Fragen ausfielen, zogen sie womöglich denselben Schluss wie die jüngeren Teilnehmer, doch hatten sie die Perspektive der Studentin und die Konsequenzen möglicher Maßnahmen viel eingehender durchdacht.

Ein anderes Beispiel für ein Problem, bei dem postformales Denken zur Anwendung kommt, ist das Dilemma von Harold und Hanneke.[6] Beide sind vor kurzem 68 Jahre alt geworden und feiern bald ihr vierzigjähriges Ehejubiläum. Beiden ist bewusst, dass sie über ihre Zukunft und über die Frage nachdenken müssen, ob sie in ihrem großen, freistehenden Haus, in dem sie ihre Kinder großgezogen haben, wohnen bleiben sollten. Harold möchte das Haus verkaufen und in eine Luxus-Seniorenwohnung in einer Anlage mit vielen Serviceeinrichtungen, z. B. einer Sporthalle, umziehen. Dort gibt es auch eine gute Anbindung an den öffentlichen Nahverkehr, was praktisch wäre, wenn sie beide nicht mehr selbst Auto fahren können. Hanneke ist von dieser Idee nicht begeistert. Sie möchte in ihrem jetzigen Haus bleiben. Träte wirklich der Fall ein, dass sie nicht mehr gut laufen können, müsste man es halt seniorengerecht umbauen. Im Badezimmer könnte man Handgriffe anbringen lassen, und unten gibt es ein großes Zimmer, das als Schlafzimmer eingerichtet werden könnte. Harold und Hanneke sind beide der Ansicht, die Vor- und Nachteile beider Optionen noch sorgfältiger miteinander durchsprechen zu müssen, sie wollen hierbei auch ihre erwachsenen Kinder mit einbeziehen. Sie treffen keine übereilte Entscheidung. Dass sie eine Reihe von Möglichkeiten gegeneinander abwägen, sich deren Vor- und Nachteile bewusst machen und sich Zeit für eine Entscheidung nehmen, weist darauf hin, wie sehr sie sich darüber im Klaren sind, dass eine schnelle logische Entscheidung nicht direkt auf der Hand liegt. Sie müssen auf postformales Denken zurückgreifen.

Je älter, desto weiser?

Bringt das Älterwerden automatisch Weisheit mit sich? Nicht jeder, der in die Jahre kommt, ist auch weise. In allen Altersgruppen gibt es Menschen, deren Tun und Denken allem Anschein nach nicht gerade unter die Kategorie «weise» fällt. Das bedeutet allerdings nicht, dass bei ihnen die Anzeichen für Weisheit im Alter nicht zunehmen könnten. Allgemein lässt sich sagen: Weisheit wird durch

Lebenserfahrung und die Überwindung vieler Rückschläge größer. Messen lässt sich das freilich nicht so leicht. Legt man Älteren komplexe Situationsbeispiele vor und fragt sie nach der optimalen Lösung für die darin skizzierten Probleme, sind ihre Lösungen keineswegs höher zu bewerten als bei Menschen in den besten Jahren, wie aus einer deutschen Studie hervorgegangen ist.

Interessant war hierbei, dass Ältere ebenso wie Jüngere besser beim Lösen der Probleme abschnitten, die für ihre jeweilige Altersgruppe typisch waren. Man hatte den Teilnehmern einige unangenehme Situationen vorgelegt, in denen entweder eine jüngere oder eine ältere Person betroffen war. Ein Beispiel für einen «jungen» Casus ist der Fall von Michel, einem 28-jährigen Monteur mit zwei kleinen Kindern, der erfährt, dass die Fabrik, in der er arbeitet, in drei Monaten geschlossen wird. Derzeit gibt es in der Region für ihn keine andere geeignete Arbeit. Seine Frau hat gerade wieder eine gut bezahlte Stelle im Pflegebereich gefunden. Michel ist sich im Unklaren darüber, ob die Familie wegen seiner Arbeit in eine andere Stadt umziehen oder ob sie an ihrem bisherigen Wohnort bleiben und er die Verantwortung für die Versorgung der Kinder und den Haushalt übernehmen soll. Was ist für ihn die beste Strategie für die nächsten drei bis fünf Jahre? Welche Informationen braucht er noch?

Ein Beispiel für einen «alten» Casus ist der Fall von Sarah, einer 60-jährigen Witwe. Sie hat gerade erst eine Management-Ausbildung abgeschlossen und ein eigenes kleines Unternehmen gegründet: eine Herausforderung, auf die sie sich lange gefreut hat. Nun hat ihr Sohn aber gerade seine Frau verloren und muss allein für seine zwei kleinen Kinder sorgen. Sie könnte ihr Unternehmen aufgeben, zu ihrem Sohn ziehen und ihm zur Hand gehen, sie könnte sich aber auch überlegen, wie sie ihn finanziell bei den Aufwendungen unterstützen könnte, die für eine externe Betreuung seiner Kinder anfallen. Was ist für sie die beste Strategie für die nächsten drei bis fünf Jahre? Welche Informationen werden noch benötigt? Ältere (in dieser Studie Teilnehmer zwischen 60 und 81 Jahren) fanden bessere Lösungen für Sarah, Jüngere (zwischen 25 bis 35 Jahren) hingegen für Michel. Um als weise zu gelten, mussten die Teilnehmer mehrere Aspekte des Problems benennen können, sie mussten dazu in der Lage sein, verschiedene Alternativen vorzuschlagen, deren Vor- und Nachteile aufzuzeigen, Unsicherheiten zu erkennen, Risiken zu evaluieren und schließlich Vorschläge zu machen, wie die getroffene Entscheidung weiterhin kritisch zu hinterfragen und eventuell neu zu bedenken wäre.

Ein kleiner Teil der Senioren wird bei derartigen Aufgaben, die Lösungen für komplexe Situationen verlangen, weniger erfolgreich sein als Menschen mittleren Alters. Denn diese Aufgaben beanspruchen mentale Fähigkeiten wie Arbeitsgedächtnis und exekutive Funktionen (z. B. Planung und Einfühlungsvermögen). Älteren Menschen, bei denen diese geistigen Fähigkeiten überdurchschnittlich nachgelassen haben, wird es daher schwerer fallen, sich verschiedene Lösungsansätze zu überlegen und diese gegeneinander abzuwägen. Obwohl intakte geistige Funktionen nicht notwendigerweise zu Weisheit führen, können sie durchaus einen Beitrag dazu liefern. Gleichwohl gilt: Auch mit verminderten geistigen Funktionen kann man weise sein. Das trifft vor allem für Situationen zu, die man aus eigener Erfahrung kennt. Handelt es sich aber um neue Probleme, bei denen viele Informationen gegeneinander abgewogen werden müssen, machen ein nachlassendes Arbeitsgedächtnis und eine verminderte geistige Flexibilität dem älteren Menschen einen Strich durch die Rechnung.

Der Hase und die Schildkröte

2004 stellten Neuropsychologen der Universität von Kalifornien einen Patienten vor, den sie als einen «modernen Phineas Gage» bezeichneten. Damit verwiesen sie auf den Bahnarbeiter Phineas Gage, einen der berühmtesten Patienten in der Geschichte der Neuropsychologie. Der Hirnschaden, den Phineas Gage im 19. Jahrhundert erlitt, hat uns viel über die Funktionen der vorderen Gehirnregionen (des präfrontalen Cortex), bis dahin ein Mysterium, gelehrt. 1848 hatte Gage einen dramatischen Unfall: Aufgrund einer vorzeitigen Explosion durchbohrte ein Eisenstab mit großer Wucht seine Stirn. Zur Verwunderung seiner Kollegen überlebte er den Unfall. Binnen zwei Monaten wurde er sogar für geheilt erklärt und aus dem Krankenhaus entlassen. Dennoch war er danach nicht mehr der Alte. Jemand, der ihn gut kannte, drückte es so aus: «Gage was no longer Gage.» Auch wenn seine Denkfähigkeit, sein Gedächtnis und seine Wahrnehmung nicht beeinträchtigt waren, so war doch seine Persönlichkeit tiefgreifend verändert. Früher als energischer, hart arbeitender Vorarbeiter mit Führungsqualitäten bekannt, war er jetzt im Umgang ungeduldig, grob und schroff. Es gelang ihm offenbar nicht mehr, die emotionale Bedeutung von Situationen zu erfassen und seine emotionalen Reaktionen gut zu kontrollieren. Die Folge waren regelmäßige Wutausbrüche. Außerdem fiel es ihm schwer, sein Handeln zu planen. Rekonstruktionen seines Gehirns, die auf der Basis seines erhaltenen Schädels durchgeführt wurden, ließen vor allem eine schwere Schädigung des «Vorschiffes»[7] (des unteren Bereiches seines präfrontalen Cortex) erkennen.

Der moderne Phineas Gage, über den 2004 berichtet worden ist, hatte 1962 eine Hirnverletzung an einer vergleichbaren Stelle davongetragen, als er bei einer Auslandsmission als Soldat mit seinem Jeep über eine Landmine gefahren war. Durch die Explosion drang der Metallrahmen der Windschutzscheibe des Jeeps in seine Stirn ein. Wie bei Gage schienen seine geistigen Fähigkeiten bei der Entlassung aus dem Krankenhaus zunächst nicht beeinträchtigt zu sein. In neuropsychologischen Tests schnitt er gut ab, seine Intelligenz war überdurchschnittlich. Allerdings ließ sein Sozialverhalten sehr zu wünschen übrig. Er hatte alle Hemmungen verloren, konnte sich nicht beherrschen und geriet dadurch ständig in Probleme mit anderen. Er verlor seine Stelle, seine Frau wandte sich von ihm ab, und er entfremdete sich seinen Kindern. Nach Ansicht von Psychiater Jeste hat eine solche Beschädigung des präfrontalen Cortex offenbar ein Verhalten zur Folge, das im Gegensatz zu Weisheit steht: Impulsivität, sozial unangemessenes Verhalten und emotionale Unbeholfenheit. Gemeinsam mit Kollegen unternahm es Jeste als Erster, ein Netzwerk von Hirnregionen zu kartieren, die für Weisheit maßgeblich sind. Dem präfrontalen Cortex wurde hierbei eine besondere Rolle zugeschrieben.

Dasselbe tut der Neurologe Elkhonon Goldberg in seinem Buch *Die Weisheitsformel*. Der präfrontale Cortex kann als Dirigent unseres Gehirns betrachtet werden, die übrigen Hirnregionen bilden das Orchester. Der präfrontale Cortex macht nicht die Musik, sondern koordiniert, integriert und steuert. Deshalb verfügen Menschen mit einer Beschädigung des Cortex noch über eine ganze Reihe von geistigen Fähigkeiten, die jedoch aussetzen (oder zu spät aktiviert werden), wenn die Komplexität der Anforderungen an sie steigt, zum Beispiel in sozialen Situationen. Goldberg weist auf zwei weitere Funktionen des präfrontalen Cortex hin: Erstens hängt von ihm unsere Fähigkeit ab, uns in andere hineinzuversetzen und uns einzufühlen (Empathie); zweitens ist der präfrontale Cortex für das Aktivieren von Handlungsmustern von entscheidender Bedeutung. Darunter sind Handlungsabfolgen zu verstehen, wie sie in komplexen Situationen erforderlich sein können. Hat man beispielsweise jahrelange Erfahrung in Führungspositionen, weiß man in vielen Situationen einfach, wie man am besten Schritt für Schritt vorgeht. Goldberg führt Winston Churchill als Beispiel an, der sich wohl schnell ablenken ließ, aber auch in seinen späten Jahren noch immer ausgezeichnete Führungsqualitäten an den Tag legte.

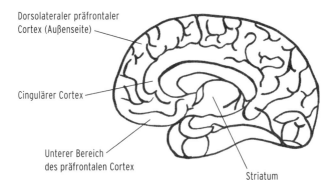

Abbildung 20: Hirnregionen, die für Weisheit von Bedeutung sind: der untere Bereich und die Außenseite des präfrontalen Cortex, der cinguläre Cortex sowie der vordere Teil des Striatum.

Neben dem unteren Bereich des präfrontalen Cortex gibt es noch drei weitere für Weisheit bedeutsame Regionen (Abb. 20). Erstens die Außenseite des präfrontalen Cortex (der Fachterminus dafür lautet: dorsolateraler Cortex), die beim rationalen Denken und bei Entscheidungen für Problemlösungsstrategien beteiligt ist. Des Weiteren der vordere Teil des cingulären Cortex, der Konflikte zwischen unterschiedlichen Interessen sowie zwischen rationalen Prozessen und Gefühlen aufspürt. Drittens sind die Hirnstrukturen des Belohnungssystems, so das tief im Innern des Gehirns liegende Striatum, von Belang. Aus Studien haben sich Hinweise darauf ergeben, dass sich ältere Menschen eher auf Belohnungen bei guten Lösungen als auf negative Folgen bei Fehlern konzentrieren. Daher bemühen sie sich stärker darum, konstruktive Lösungen zu finden, als Fehler zu vermeiden. Beabsichtigt man, einem 75-Jährigen beizubringen, mit einem Computerprogramm zu arbeiten, sollte man also besser den Nachdruck auf all das legen, was ihm gelingt, und nicht ständig den Finger auf das legen, was nicht gut läuft oder anders gemacht werden sollte. Während es bei jungen Menschen gut funktioniert, ab und an zu rufen: «Pass auf! Das geht schief, das musst du anders machen!» – bei Senioren ist das keine gute Strategie. Dies könnte mit der Veränderung der Funktionsweise von Hirnregionen beim Älterwerden zusammenhängen: Der für das Auffinden von Fehlern verantwortliche anteriore Cingulus wird weniger schnell aktiv (bei vielen Senioren ist ein Abbau von grauen Zellen in diesem Gebiet erkennbar), das Belohnungssystem bleibt hingegen unangetastet. Studien, in denen mit einem EEG Spannungsschwankungen auf der Schädeloberfläche gemessen wurden, haben nachgewiesen, dass bei jungen

Menschen und bei Menschen in mittleren Jahren eine Schwankung der elektrischen Spannung, eine sogenannte Gehirnwelle, entsteht, wenn ihnen vermittelt wird, einen Fehler begangen zu haben. Diese Gehirnwelle deutet auf eine Aktivität des cingulären Cortex hin, derjenigen Hirnregion, die auf das Aufspüren von Fehlern spezialisiert ist. Je deutlicher ausgeprägt die Welle ist (je stärker also die Hirnaktivität ist), desto schneller lernt die Person aus diesem Fehler. Bei älteren Menschen ist diese Hirnwelle jedoch bei weitem nicht so prominent ausgeprägt. Zum Lernen greifen sie auf andere Hirnregionen zurück, vor allem auf den präfrontalen Cortex, der für das Arbeitsgedächtnis wichtig ist.

Obwohl die Funktion des präfrontalen Cortex im Alter ein wenig nachlässt, gelingt es vielen älteren Menschen noch, ihn wirkungsvoll einzusetzen, u. a. durch die Mobilisierung zusätzlicher Hirnaktivität, wie wir weiter oben in diesem Buch gesehen haben. Im Allgemeinen haben ältere Menschen mehr Mühe mit völlig neuen Aufgaben als mit Aufgaben, bei denen sie auf ihr Erfahrungswissen zurückgreifen können. Besonders aufgrund der umfangreichen «Datenbank», die sie im Lauf der Jahre in ihrem Gehirn gespeichert haben, können sie in vielen Alltagsfragen gute Lösungen finden.

Dr. Oury Monchi von der Universität von Montreal in Kanada verweist gern auf die Tierfabel von Äsop über den Wettstreit zwischen dem Hasen und der Schildkröte, wenn er die Ergebnisse seiner Hirnforschung bei älteren Menschen zu erklären versucht. Obwohl der Hase schneller ist, gewinnt die Schildkröte, weil sie ihre Fähigkeiten am besten einzusetzen versteht (der Hase macht in seiner Selbstüberschätzung zwischendurch ein Schläfchen). Monchi und seine Kollegen ließen sowohl eine Gruppe von Senioren als auch eine Gruppe junger Personen Wörter klassifizieren, während ihre Hirnaktivität mithilfe eines MRT-Scanners gemessen wurde. Die Wörter konnten nach Reim, Bedeutung oder dem ersten Buchstaben des Wortes sortiert werden. Ohne vorherige Ansage änderte der Forscher immer wieder die Zuordnungsregeln. Galt das Klassifizieren nach Reimen anfangs als richtig («Tür» gehört zu «für»), galt es nach einer Weile als falsch, weil der Projektleiter die Regel geändert hatte. Die Testperson musste überlegen, ob sie die Wörter jetzt eventuell nach ihrer Bedeutung gruppieren sollte («Tür» gehört zu «Haus»). Aus der Studie ging hervor, dass ältere Probanden auf negatives Feedback («falsch!») mit geringerer Hirnaktivität reagierten als jüngere. Bei den Älteren war vor allem beim Übergang zu einer neuen Zuordnungsregel zusätzliche Hirnaktivität erkennbar. Sie schienen ihre Energie also vor allem auf das Nachdenken über neue Strategien zu konzentrieren, um die Aufgabe erfolgreich zu meistern. Die für dieses Ziel verwendete Herangehensweise war aktiver als das bloße Reagieren auf Fehlermeldungen.

Der erfahrene Entscheider

Viele der Experimente, die Psychologen Testpersonen vorlegen, sind in dem Sinne künstlich oder konstruiert, dass sie nicht den Alltagsanforderungen entsprechen. In solchen «konstruierten» Tests sind Probanden um die 20 erfolgreicher als Menschen um die 70. Ein Test kann z. B. darin bestehen, immer wieder eine aus vier Karten, die auf einem Computermonitor erscheinen, auszuwählen. Weil jeder Karte eine besondere Belohnung zugeordnet ist, die sich gelegentlich mehr oder weniger stark von der anderer Karten abhebt, sehen sich die Teilnehmer herausgefordert, die Auswahlstrategie zu finden, die am meisten einbringt. Angenommen, Sie möchten gern einmal nach Neuseeland verreisen, aber das ist Ihnen zu teuer. Deshalb fahren Sie jedes Jahr nach Frankreich. Sie könnten in einem Jahr aber auch auf einen Urlaub verzichten und das Geld dafür ansparen, um dann im darauffolgenden Jahr ihren (sehnlichen) Wunsch, nach Neuseeland zu reisen, zu verwirklichen. Der erste Teil der Entscheidung (in einem Jahr gar nicht zu verreisen) bringt Ihnen unmittelbar weniger Belohnung ein, der folgende Teil (die Verwirklichung Ihrer Traumreise nach Neuseeland) gleicht das jedoch mehr als aus.

Oder nehmen wir einen anderen Fall: Sie entscheiden sich für den Kauf einer teureren Waschmaschine. Das bietet zunächst keinen unmittelbaren Vorteil im Vergleich zu einer preiswerteren Maschine, vielleicht ermöglicht es Ihnen jedoch langfristig Einsparungen aufgrund niedrigerer Energie- oder Reparaturkosten und einer voraussichtlich längeren Lebensdauer. Mit dieser Idee im Hinterkopf haben Psychologen der Universität von Texas einen Test mit realistischen Aufgaben und Szenarien entworfen, in denen die jeweils erste Entscheidung Auswirkungen auf die nachfolgenden Entscheidungen hatte. Die optimale Strategie konnte nur befolgen, wer sich an einer langfristigen Perspektive orientierte. Bei dieser Aufgabenvariante zeigten gerade Senioren bessere Leistungen als jüngere Teilnehmer. Damit soll nicht gesagt werden, dass jüngere Probanden die Aufgabe nicht lösen konnten, bemerkenswert war jedoch, dass Ältere erfolgreicher abschnitten, obwohl doch ihre exekutiven Funktionen (Arbeitsgedächtnis, Vergleichsfähigkeit, mentale Flexibilität) mit zunehmendem Alter nachlassen. Der Grund dafür könnte in der Erfahrung liegen.

Die Forschung hat auch nachgewiesen, dass Senioren bei finanziellen Entscheidungen in geringerem Ausmaß Risiken eingehen und weniger impulsiv sind. Hierbei handelt es sich um ein Verhalten, das mit einer intensiveren Nutzung beider Hirnhälften einhergeht. In unsicheren Situationen, in denen die Gefahr eines Verlusts höher ist als die Chance auf Gewinn, ist diese Vorgehensweise vernünftiger als das Eingehen von Risiken. Manchmal ist aber auch Risikofreude notwendig, um voranzukommen. Man könnte also gegenüber Finanzdienstleistern und Investmentgesellschaften dafür plädieren, nicht nur junge Mitarbeiter, sondern auch ältere Personen über 65 einzustellen.

Eile mit Weile

Wie wir bereits gesehen haben, lassen nicht alle mentalen Fähigkeiten im Alter nach. Viele Funktionen wie Sprachgewandtheit, logisches Denken, Allgemeinwissen und räumliche Wahrnehmung verringern sich nicht nennenswert. Und beim Lösen einiger Problemtypen sind ältere Menschen sogar erfolgreicher als jüngere, da sie auf einen viel größeren Datenbestand an Wissen und Erfahrung zurückgreifen und dadurch komplexe Entscheidungen intuitiv treffen können.

Paradoxerweise könnte dies zum Teil der Tatsache geschuldet sein, dass das ältere Gehirn etwas langsamer arbeitet und ältere Menschen daher weder übereilt noch impulsiv reagieren. Weil es etwas länger dauert, bis sie eine Entscheidung treffen, stehen ihnen auch mehr Informationen zur Verfügung. Dem Psychologen Cozolino zufolge sind bei weisen Menschen aus neuropsychologischer Sicht drei Phänomene zu erwarten: eine größere Diversität der aktiven Hirnregionen, eine langsamere Informationsverarbeitung und eine Integration kognitiver und emotionaler Funktionen. Und genau das entspricht dem Profil des alternden Gehirns. Es liegt eine größere Diversität in der Nutzung der Hirnregionen vor, weil ältere Menschen auf ein größeres, im Laufe der Jahre gespeichertes Wissen zurückgreifen können und mehr Problemlösungsstrategien erlernt haben. Wir konnten auch sehen, dass sie bessere Ergebnisse erzielen, weil bei ihnen beide Hirnhälften stärker aktiv sind und besser zusammenarbeiten. Eine langsamere Informationsverarbeitung – das zweite Phänomen, das Cozolino kurz streift – liegt bei Senioren vor, weil die Autobahnen des Gehirns (die Bahnen in der weißen Substanz) nun einmal nicht mehr ganz so intakt sind. Das bringt den Vorteil mit sich, seltener übereilte Schlussfolgerungen zu ziehen. Eine bessere Interaktion von kognitiven und emotionalen Funktionen besteht, weil ältere Menschen gelernt haben, sowohl dem Verstand als auch den Gefühlen einen Wert beizumessen und ihnen jeweils einen eigenen Platz zuzugestehen.

Wichtige Erkenntnisse

- Weisheit lässt sich definieren als: Verständnis für Lebensfragen und das Treffen von ausgewogenen Entscheidungen in unsicheren Situationen.

- Größere Weisheit verdanken wir dem Nachlassen unserer geistigen Fähigkeiten. Weil unser Gehirn mit der Zeit langsamer arbeitet, reagieren wir vernünftiger.
- Ältere Menschen können auf einen größeren Bestand von Wissen und Erfahrung zurückgreifen und dadurch komplexe Entscheidungen intuitiv treffen.
- Ältere Menschen sind bei finanziellen Entscheidungen weniger risikofreudig und weniger impulsiv, da sie beide Gehirnhälften stärker nutzen.

8 Ein optimales Gehirn

Wissenschaftlich fundierte Ratschläge

Am 26. November 2011, seinem hundertsten Geburtstag, stellte Robert Marchand im französischen Mitry-Mory einen neuen Weltrekord auf. Eine Stunde lang radelte er in einem Sportstudio und legte dabei 23 Kilometer zurück. Sein Fahrrad war auf einer Rolle befestigt, mit der man die gefahrene Wegstrecke messen konnte. Wegen des regnerischen Wetters verzichtete er darauf, im Freien zu fahren: Er wollte keinen Sturz aufs Straßenpflaster riskieren. Drei Monate später machte sich Robert Marchand mit einer Schar von Schlachtenbummlern zum Velodrom des Internationalen Radsportverbands (ICU) in die Schweiz auf, um seinen Rekord, weil's so schön war, noch einmal aufzustellen; und ihn nun offiziell von der World Records Academy festhalten zu lassen. Diesmal drehte er mit einem Rennrad auf einer Radrennbahn echte Runden. Wenn man bedenkt, dass das durchschnittliche Radlertempo 12 Stundenkilometer beträgt, sind 23 Stundenkilometer für einen 100-Jährigen nicht schlecht. Nach seinem Rekord reagierte Marchand lakonisch: «Ich habe es bewusst ruhig angehen lassen, damit andere es leichter haben, den Rekord zu brechen.» Ein anderer Grund, es ruhig angehen zu lassen, war die Vereinbarung mit seinem Arzt, den Puls nicht höher als 110 Herzschläge pro Minute ansteigen zu lassen. Rein vorsorglich, denn das erste EKG seines Lebens, das in der Woche davor gemessen worden war, hatte keine nennenswerten Auffälligkeiten gezeigt. Auf die Frage nach dem Zaubertrank in seiner Flasche antwortete er triumphierend: «Das ist mein Doping: Wasser mit Honig.» Er wies darauf hin, dass er immer gesund gelebt, nie geraucht habe und wenig trinke. Kurz vor seinem 90. Geburtstag war er noch beim Radrennen Bordeaux–Paris dabei gewesen und 600 Kilometer in 36 Stunden gefahren.

Für seine 100 Jahre ist Marchand noch außergewöhnlich fit. Er wohnt noch selbstständig und radelt fast täglich eine Runde in seiner Umgebung. 2011 wurde sogar ein Berg in der Ardèche nach ihm benannt: der Col Robert Marchand. Sein Ratschlag für Jung und Alt lautet: Bleibt in Bewegung!

«Erfolgreich altern»

Weil es heute mehr alte Menschen gibt als je zuvor, ist die Frage, wie wir es schaffen, mit zunehmendem Alter optimal geistig fit zu bleiben, von höchster Aktualität. Sigmund Freud meinte, unsere geistigen Fähigkeiten seien ab 50 nicht mehr elastisch. Oder wie es der deutsche Schriftsteller Emanuel Geibel ausgedrückt hat: Dem grauen Scheitel fällt das Lernen schwer. Wir wissen heute allerdings, dass das Seniorengehirn durchaus plastisch ist: Neuronen können neue Verbindungen eingehen, die zum Erlernen von Neuem erforderlich sind und den Rückgang von Hirnstruktur und Hirnfunktionen beim Altern kompensieren. Ob aber jemand «erfolgreich» altert oder nicht, das ist eine

Definitionsfrage. Die ganze Begrifflichkeit klingt ein wenig amerikanisch. Von «erfolgreich altern» ist in der wissenschaftlichen Literatur die Rede, wenn drei Bedingungen erfüllt sind:
- das Fehlen chronischer Krankheiten und Einschränkungen;
- ein gutes Niveau mentaler und körperlicher Leistungsfähigkeit;
- soziales Eingebundensein durch soziale Kontakte und familiäre und freundschaftliche Bindungen.

Wie viele über 65-Jährige erfüllen diese Bedingungen? Das hängt von den Kriterien ab, die man dabei anlegt. In einigen Studien sind es nur fünf Prozent. Was kein Wunder ist, denn wenn man das «Fehlen chronischer Krankheiten und Einschränkungen» sehr wörtlich nimmt, fällt so gut wie jeder heraus. Die meisten Studien berücksichtigen daher auch nur langwierige oder häufig vorkommende Krankheiten, die die Leistungsfähigkeit beeinträchtigen. Wenn dann auch noch die beiden anderen Kriterien erfüllt sind (mental und physisch leistungsfähig und sozial eingebunden zu sein), kommt man auf 30 bis 50 Prozent der Senioren in Europa und den USA.

Der deutsche Psychologe Paul Baltes plädierte dafür, beim erfolgreichen Altern die Selbsteinschätzung der Betroffenen mit zu berücksichtigen. Dabei geht es darum, inwieweit es Älteren gelingt, sich den Einschränkungen anzupassen, die das Alter mit sich bringt. Ein 60-Jähriger kann auf dem Tennisplatz einen Ball nicht mehr so fest schlagen, wie er das mit 25 vermochte, doch das heißt noch lange nicht, dass er am Spiel keine Freude mehr hätte. Heute achtet er vielleicht mehr auf die Strategie und das Stellungsspiel, um den Verlust von Kraft und Tempo zu kompensieren. Wichtig ist also nicht nur, ob die Funktionen nachlassen, sondern vor allem, ob die entsprechende Person damit so umgehen kann, dass ihre Lebensqualität nicht allzu sehr darunter leidet. Widrigkeiten wie körperliche Leiden können beispielsweise Depressionen auslösen. Ältere Menschen haben mehr Krankheiten als junge, leiden aber trotzdem nicht häufiger unter Depressionen. Entscheidend ist, wie man mit Handicaps umgeht.

Ob das Altern mit möglichst wenigen Gebrechen einhergeht, hängt auch von Erbfaktoren ab, aber nicht allein davon. Studien haben erwiesen, dass Einschränkungen im Alter nur zu einem Drittel erblich vorherbestimmt sind. Faktoren wie der Lebensstil, das soziale Netzwerk und die medizinische Versorgung (die restlichen zwei Drittel) spielen eine noch entscheidendere Rolle. In diesem Kapitel nehme ich mir alle Empfehlungen für eine optimale Stärkung des Gehirns nacheinander vor. Eine Minderung der kognitiven Funktionen gehört zum Älterwerden. Aber ein gesunder, aktiver Lebensstil kann die Nachteile des Alterns beträchtlich ausgleichen. Obwohl der 100-jährige Robert Marchand zweifellos schon sein Leben lang mit einem gesunden Körper und einer sportlichen Einstellung gesegnet war, werden auch seine Lebensgewohnheiten und seine Tageseinteilung zu seiner Fitness im Alter beigetragen haben.

Wähle deine Eltern mit Bedacht

In seinem Buch *De tien geboden voor het brein* (Die zehn Gebote für das Gehirn) gibt der Utrechter Hochschullehrer René Kahn ein Dutzend Empfehlungen für ein fittes Gehirn. Diese Richtlinien sind zweifellos auch für das ältere Gehirn gut, darunter beispielsweise: «Such dir Freunde», «Mach Musik» und «Schwitze» («Tu was für deinen Körper»). Er nennt allerdings auch ein Gebot, dem wir nur schwerlich Folge leisten können: «Wähle deine Eltern mit Bedacht.» Offensichtlich wird damit auf die Bedeutung erblicher Faktoren hingewiesen. Erbliche Faktoren erklären zu einem Gutteil, warum der eine gesund altert, mit relativ wenigen Wehwehchen und intaktem geistigem Leistungsvermögen, während sich bei einem anderen Diabetes, Herzprobleme und ein schlechtes Gedächtnis einstellen. Selbst wenn Sie im Alter peinlich genau alle Vorschriften für ein gesundes Leben beachten, kann es noch immer passieren, dass Sie mit einem dramatischen Verfall konfrontiert werden. In diesem Fall sind wahrscheinlich erbliche Faktoren dafür verantwortlich und womöglich die Tatsache, dass Ihr Verhalten zu diesen Faktoren nicht wirklich passt. Und natürlich kann auch das Gegenteil der Fall sein. Es wird Menschen geben, die sich absolut nicht an bestimmte Verhaltensregeln halten und deren Gedächtnis und Konzentration dennoch ausgezeichnet funktionieren. Aber für die meisten Menschen gilt, dass sie von den hier folgenden, allein auf wissenschaftlichen Forschungsergebnissen basierenden Ratschlägen profitieren werden.

Wenn wir von erblichen Faktoren sprechen, ist es übrigens sinnvoll zu bedenken, dass diese nicht isoliert funktionieren, sondern im Zusammenspiel mit den verschiedensten Umweltfaktoren. Eine Vorstellung von einem solchen Zusammenspiel vermittelt eine Studie mit 1140 Personen im Alter zwischen 50 und 70 Jahren in Baltimore. Dabei achteten die Forscher in Bezug auf die geistigen Fähigkeiten der Teilnehmer auf den Zusammenhang zwischen einem (ApoE genannten) Gen, welches das Risiko von Alzheimer und geistigem Abbau erhöht, und dem Stadtteil, in dem die Testperson wohnte. Was die Stadtteile anbetraf, so ging es hier vor allem um die Frage, ob ein Zusammenhang besteht zwischen dem Wohnen in Risikovierteln (mit vergleichsweise höherer Arbeitslosigkeit, mehr Armut, Leerstand, Kriminalität und Drogensucht) und einer geringeren Konzentrationsfähigkeit, einem schlechterem Gedächtnis und geringerer geistiger Flexibilität. Das bestätigte sich tatsächlich, allerdings nur bei Menschen mit einer bestimmten Variante des ApoE-Gens. Menschen mit einer anderen Genvariante verspürten offenbar keinen nachteiligen Einfluss durch das Wohnen in einem Risikoviertel. Offenbar sind Träger dieses Gens für den Stress anfälliger, der mit dem Leben in einer solchen Gegend einhergeht. Ein derart komplexes Zusammenspiel von Einflüssen liegt häufig vor. Auch in zahlreichen anderen Studien zeigte sich, dass unsere Gene in der Interaktion mit Umweltfaktoren (z. B. dem sozialen Rückhalt) Auswirkungen auf unser Gehirn haben können, die ohne diese Faktoren nicht aufträten. Wie das eine auf das andere einwirkt, ist größenteils unbekannt, wird jedoch durch künftige Studien zweifellos klarer werden. Möglicherweise erhalten Menschen dann auf Grundlage genetischer Untersuchungen Ratschläge wie: «Sie sollten besser umziehen» oder «Sie brauchen viel soziale Unterstützung».

Das Fachgebiet, das den Umwelteinfluss auf die Wirkung von Genen erforscht, wird Epigenetik genannt. Dieses Fach stößt heutzutage auf großes Interesse, und das zu Recht, weil in ihm wichtige Entdeckungen gemacht werden. Diese Art von Forschung führt überzeugend vor, dass wir nicht nur von unseren Genen bestimmt werden. Wir sind nämlich nicht nur unser Gehirn, sondern wer wir sind, sind wir auch durch die Wechselwirkung mit unserer Umgebung: mit dem, was wir essen, mit den Orten, an denen wir uns aufhalten, mit den Beziehungen, die wir pflegen.

Du bist, was du isst

Die ältesten und gesündesten Menschen wohnen in Okinawa. Die subtropische Insel liegt im Ostchinesischen Meer zwischen Japan und Taiwan. Okinawa ist Teil der Ryukyu-Inselgruppe, die bis 1879 ein selbstständiges Königreich war, seither jedoch zu Japan gehört. Das Besondere an den Menschen auf Okinawa ist zuallererst, dass sie sehr alt werden. Die durchschnittliche Lebenserwartung Neugeborener beträgt dort 85 Jahre, fünf Jahre mehr als in Deutschland. Während Japan weltweit das Land mit der höchsten Anzahl von über 100-Jährigen ist, liegt diese Anzahl in Okinawa sogar dreimal so hoch (pro 100 000 Einwohnern) wie im restlichen Japan. Zweitens fällt auf, dass die Bewohner Okinawas relativ wenige Alterskrankheiten haben. Herzleiden, Hirnblutungen und Krebs kommen seltener vor. All das könnte natürlich erblichen Faktoren zu verdanken sein, aber wissenschaftliche Forschungen haben erwiesen, dass es nur zum Teil mit dem Erbgut zusammenhängt: Zogen Einwohner von Okinawa auf eine andere Insel um, wurden sie weniger alt und waren weniger gesund als ihre ehemaligen Mitbewohner, die auf der Insel zurückblieben. Umweltfaktoren machen hier den Unterschied aus. Für die amerikanischen Brüder Bradley und Craig Willcox, die bereits seit Jahrzehnten das Altern auf Okinawa erforschen, spielen fünf Faktoren eine Rolle: die

Ernährung, der stressarme Lebensstil, die Einbindung in eine fürsorgliche Gemeinschaft, die aktive Einstellung und die Offenheit für Spiritualität.

Nun könnte man denken, dass es nicht schwierig ist, auf einer so wunderschönen Insel mit herrlichem Wetter, wunderbaren Stränden und einer prachtvollen Flora und Fauna entspannt zu leben, aber das Leben ist für die Inselbewohner nicht immer einfach: Die Preise sind hoch (wie überall in Japan) und die Einkommen niedrig, weil es auf der kleinen Insel wenig Beschäftigungsmöglichkeiten gibt. Dennoch sind die meisten Inselbewohner mit ihrem Leben zufrieden. Das ruhige, ausgeglichene Naturell der Bevölkerung wird beim erfolgreichen Altern auf Okinawa sicherlich eine Rolle spielen. Die Inselbewohner haben eine positive Einstellung, für sie ist Älterwerden kein negativer Prozess. Weiter oben haben wir bereits gesehen, wie wichtig eine positive Haltung zum Altern sein kann. Die Menschen auf Okinawa sind freundlich und friedlich eingestellt. Für einen Außenstehenden wäre es vermutlich kaum zu glauben, dass in Okinawa die Wiege der Karatekampfkunst stand. Karate ist nicht der aggressive Kampfsport, den wir aus Filmen kennen, sondern eine Selbstverteidigungskunst, die auf der Beherrschung von Körper und Geist beruht. Im Eingang der Karateschule von Fusei Kise, einem Großmeister, der auf der amerikanischen Militärbasis der Insel Okinawa noch mit 81 Jahren Karateunterricht erteilt, hängt der Spruch: «Nachgiebigkeit besiegt Härte.»

Das wichtigste Geheimnis von Okinawa ist die Ernährung, sagen Bradley und Craig Willcox (Bradley ist Arzt und sein Bruder Anthropologe). Die okinawanische Ernährung enthält wenig gesättigte Fette, wenig Zucker und wenig Salz: Fisch, Schalentiere, Tofu, Algen, Reis, Gemüse und

Obst. Man trinkt viel schwarzen und grünen Tee: Beide Teesorten enthalten Antioxidantien und sind gut für die Gesundheit. Zutaten in einem okinawanischen Gericht, das der westlichen Welt angepasst wurde (weil hier nicht alle Produkte zu bekommen sind), sind zum Beispiel: Kammmuscheln, Chinakohl, Brotkrumen, Sojasauce, Olivenöl, eine Prise Seesalz und magerer Mozzarella. Nachdem die Muscheln und der Kohl gekocht sind, kommt das Ganze für zehn Minuten in einen vorgeheizten Ofen.

Ein entscheidendes Element einer hirnfreundlichen Ernährung ist Mäßigung: Man sollte nicht zu viel essen. Auch das können wir von den Einwohnern Okinawas lernen. Kalorienreduktion verringert die schädlichen Effekte von oxidativem Stress auf Neuronen im Gehirn. Kalorien sind Energie, und Energie ist der Motor des oxidativen Stoffwechselprozesses. Je weniger Brennstoff dem Motor zugeführt wird, desto weniger Schaden entsteht. Kalorienreduktion bedeutet nicht unbedingt, dass man nun hungern muss und den ganzen Tag unter einem Hungergefühl zu leiden hat. Wenn man Zwischenmahlzeiten wie Kuchen, Naschereien und Snacks so weit wie möglich reduziert und üppige Mahlzeiten meidet, kann man schon viel erreichen.

Die Ernährung des durchschnittlichen Europäers enthält zu viele Kohlehydrate und zu viel Zucker. In Verbindung mit zu wenig Bewegung wird das zum Risikofaktor für Diabetes, was sich wiederum ungünstig auf das Gehirn auswirkt und Demenz beschleunigt. Natürlich wird nicht jeder ältere Mensch mit Diabetes dement, aber Diabetes erhöht durchaus das Risiko.

Es ist auch ratsam, den Konsum von gesättigten Fettsäuren knapp zu bemessen, denn sie erhöhen den Cholesterinspiegel. Durch zu viel Cholesterin können sich Adern «zusetzen» und das Risiko auf einen Hirnschlag erhöhen. Omega-3-Fette sind hingegen empfehlenswert. Man sorge für eine eiweißreiche Ernährung, mit viel Getreide, Gemüse und Obst. Eine Utrechter Studie hat einen Zusammenhang gewisser Phytoöstrogene (der sogenannten Lignane) mit einer guten kognitiven Leistungsfähigkeit nachgewiesen. Diese Stoffe sind unter anderem in Sesamkörnern, Leinöl, Broccoli, Kohl, Pfirsichen und Erdbeeren enthalten.

Man achte auch auf die Zufuhr von ausreichend Vitaminen, wobei vor allem Vitamin B12 und Folsäure wichtig sind. Der Niederländische Gesundheitsrat empfiehlt täglich 2,8 µg Vitamin B12 und 300 µg Folsäure.

Und zum Schluss noch eine Erinnerung an etwas, das oft vergessen wird: Man muss genügend Flüssigkeit zu sich nehmen. Viele ältere Menschen trinken zu wenig. Man sollte immer ausreichend trinken, vor allem jedoch im Sommer, wenn es heiß ist. Während der Hitzewelle 2003 starben in Frankreich Tausende von alten Menschen an Dehydration. Aus einer australischen Studie, bei der mittels Hirnscans eine Übersicht der Hirnaktivitäten bei Durst und Sättigung erstellt wurde, geht hervor, dass sich bei älteren Menschen die auf Durst hinweisende Hirnaktivität bereits dann verringert, wenn sie wenig trinken. Bei jüngeren Menschen funktioniert das anders. Sie müssen reichlich trinken, damit ihr Gehirn gewissermaßen zufrieden ist und das Signal abgibt, dass der Durst gestillt ist. Nach Ansicht der Forscher dringt bei Älteren offenbar nur ein sehr starkes Durstsignal zum Gehirn durch. Daher raten sie älteren Menschen, zu festen Zeiten feste Mengen zu trinken. Zwei Liter pro Tag sind als Richtschnur zu empfehlen. Am besten ist Wasser: Anderthalb Liter pro Tag sind ein gutes Ziel.

Bleibe aktiv

Zelma ist 88 Jahre alt und hat ihr ganzes Leben in Missouri verbracht. Sie beteiligt sich an einer Altersstudie der Universität von Missouri. Die Forscher haben sie als eine «erfolgreiche Seniorin» identifiziert. Zelma hat zwei verheiratete Töchter, fünf Enkelkinder und fünf Urenkel. Sie war 50 Jahre lang verheiratet und ist seit zwölf Jahren Witwe. Vor zwei Jahren wurde bei ihr ein Brusttumor operiert, der bei einer Reihenuntersuchung entdeckt worden war. Sie ist eine pensionierte Grundschullehrerin und geht noch immer zwei Tage die Woche in die örtliche Grundschule, um eine Lehrkraft zu unterstützen. Außerdem ist sie Mitglied in zwei literarischen Lesezirkeln, Vorsitzende des örtlichen Frauenvereins und politisch aktiv. Als Demokratin koordinierte sie für ihren Wahlkreis die Kampagne von Gouverneur Russ Carnahan. Ferner ist sie in der Baptistenkirche ihres Wohnorts aktiv und unterrichtet an der Sonntagsschule. Als Hobby gibt sie «Quilten» (das Nähen von Patchworkdecken) und Korbflechterei, insbesondere die Beflechtung von Stühlen an. Sie liest gern und viel. Nach einer Star-Operation an beiden Augen kann sie wieder gut sehen. Die Bibel ist ihr Lieblingsbuch – sie liest sie gerade zum achten Mal von Anfang bis Ende. Am wichtigsten sind ihr soziale Kontakte zu ihrer Familie und den Mitgliedern der Kirchengemeinde, sie kommt aber auch sehr gut mit ihren Nachbarn aus und hat viele Freunde. Der einzige Nachteil ihrer vielseitigen Aktivitäten, der ihr einfällt, besteht darin, dass sie manchmal einfach nicht weiß, woher sie die Zeit für alles nehmen soll.

Vielleicht fühlen Sie sich allein schon bei der Aufzählung der vielen Aktivitäten erschöpft – ich kann Sie beruhigen: Es darf durchaus ein bisschen weniger sein. Aber die Devise «Bleibe aktiv» ist dennoch bedeutsam. Diese Empfehlung ist genau das, was man von allen älteren Leuten hört, die erfolgreich älter werden: Verkriech dich nicht in eine Ecke, um über deine Gesundheitsprobleme nachzudenken, sondern bleibe unternehmungslustig.

Möglichst aktiv zu bleiben, ist sowohl körperlich als auch mental und sozial ratsam. Dass Körperbewegung dem alternden Gehirn guttut, ist inzwischen hinreichend klar geworden. Ein konkreter Ratschlag lautet, sich wenigstens dreimal pro Woche eine halbe Stunde körperlich zu bewegen, damit sich der Herzschlag beschleunigt und der Körper ins Schwitzen gerät. Natürlich ist unter Bewegen nicht allein Joggen zu verstehen; Rad fahren, Schwimmen, Volleyballspielen, ganz gleich welche Sportart man wählt, alles ist gut, solange sich der Pulsschlag erhöht. Wenn Sie allerdings schon ein gewisses Alter erreicht haben, müssen Sie, genau wie Robert Marchand, darauf Acht geben, nicht zu fanatisch zu sein: Man sollte 110 Pulsschläge/Min. nicht überschreiten. Es kann vorkommen, dass körperliche Einschränkungen eine intensive Körperbewegung unmöglich machen. In diesem Fall sind ruhige Übungen noch immer besser als gar nichts. Das bereits erwähnte chinesische Tai-Chi kennt ausgezeichnete Übungen, die sogar im Schlaf- oder Wohnzimmer durchgeführt werden können. Ein probates Mittel, um mental aktiv zu bleiben, besteht darin, länger weiterzuarbeiten. Angesichts der höheren Lebenserwartung und der besseren Gesundheit älterer Menschen ist es naheliegend, bis zum 67. oder vielleicht sogar bis zum 70. Lebensjahr im Beruf zu bleiben. Wenn Sie bereits pensioniert sind, ist es sinnvoll, Hobbys zu pflegen, die Ihr Konzentrationsvermögen und Gedächtnis fordern. Sie können sich beispielsweise mit der Geschichte der Stadtpolitik oder mit Architektur beschäftigen, in einer Blaskapelle oder einem Volleyballverein mitmachen, ein Studium anfangen oder einen Kurs belegen. Das Organisieren eines Lesezirkels oder Diskussionsclubs hält das Gehirn ebenfalls aktiv. Sie können Ihr Gedächtnis und Ihre Konzentrationsfähigkeit auch fordern und fördern, indem Sie etwas mit den Händen tun. Bauen Sie gern Puppenhäuser für Ihre Enkel? Dann können Sie verschiedene Entwürfe zeichnen und im Internet nach weiteren Varianten suchen. Eine der besten Möglichkeiten, Ihr Gehirn zu beschäftigen, ist das Lesen von Büchern. Bücherlesen scheint dem Geist mehr abzuverlangen als beispielsweise das Zeitunglesen, weil in der Zeitung einzelne Artikel stehen und die Kernaussage im Titel oft schon vorweggenommen wird. Beim Lesen eines Buches muss man viel mehr Informationen behalten und miteinander in Verbindung setzen, um den roten Faden nicht zu verlieren. Selbst ein leicht lesbarer Roman ist förderlich. Fernsehen hat hingegen keinen positiven Einfluss auf das Gehirn.

Sozial aktiv zu bleiben, ist ebenfalls sehr hilfreich. Das kann schwierig sein, wenn viele Ihrer Generationsgenossen möglicherweise bereits verstorben sind, was eine immer größere Rolle spielt, wenn Sie älter als 75 sind. Oft gibt es Vereine, denen Sie sich anschließen und in denen Sie Menschen Ihres Alters treffen können. Warten Sie nicht darauf, dass man Sie anspricht: Ergreifen Sie selbst die Initiative.

Spiritualität, Lebenskunst und Achtsamkeit

Spiritualität als Bestandteil erfolgreichen Alterns findet in zunehmendem Maße wissenschaftliches Interesse. Es gibt keine Definition von Spiritualität, die jeden zufriedenstellen kann, aber ganz allgemein könnte man sie als «achtsam sein für das, was über den Menschen hinausgeht», definieren. Spiritualität kann im Alter einen größeren Raum einnehmen. Es gibt genügend Biographien, in denen Menschen beschrieben werden, die mit zunehmendem Alter «spiritueller» geworden sind, wobei das sicherlich kein Automatismus ist. Beispielhaft für Menschen, die in höherem Alter einen stärkeren Sinn für Spiritualität entwickelt haben, stehen die Komponisten Johannes Brahms und Franz Liszt. Eines von Brahms' letzten großen Werken, *Vier ernste Gesänge*, ist Ausdruck seiner protestantischen Spiritualität, die seit Anfang der 1890er Jahre (er war damals 60) immer wichtiger für ihn geworden war. Der römisch-katholische Franz Liszt wurde sogar in höherem Alter noch zum Geistlichen ernannt. Auch seine Musik aus dieser Lebensphase lässt eine spirituelle Tiefendimension erahnen, obwohl er auch die Entwicklung neuer Formen nicht scheute.

Oft ist Spiritualität religiös gefärbt, was aber nicht unbedingt gegeben sein muss. Erfahrungen der Verbundenheit mit der Natur oder des Überschreitens eigener Grenzen beim Aufgehen in Kunst oder Musik werden bisweilen ebenfalls als spirituell bezeichnet. Bei religiöser Spiritualität steht in der Regel die Entwicklung einer persönlichen Beziehung zum Heiligen oder Transzendenten im Mittelpunkt. Spiritualität und Religion fördern die geistige Gesundheit älterer Menschen. Studien in Amerika wie in Europa haben nachgewiesen, dass bei älteren Menschen Kirchgang, Bibellesen und Beten zu geringerer Stressempfindlichkeit und weniger Depressionsanfälligkeit führen. Diese Menschen fühlten sich also «wohler in ihrer Haut». Das war, wie die Forschungen bestätigen, nicht allein mit den sozialen Kontakten zu erklären, die man als Mitglied einer religiösen Gemeinschaft hat. Es muss auch mit den religiösen Riten zusammenhängen. Die Forscher denken dabei an Empfindungen inneren Friedens, die durch religiöse Riten gefördert werden, sowie an das Einordnen von Lebensereignissen in einen übergeordneten, bedeutungsvollen Rahmen.

Was kennzeichnet einen solchen sinnstiftenden Rahmen? Für Lord Donald Coggan, der mit 65 Erzbischof von Canterbury wurde, war es das Leben mit einer Aufgabe, die ihm von Gott aufgetragen war. Sein Vorbild war Jesus Christus: «Er war sich dessen bewusst, dass er von Gott kam und zu Gott zurückkehren würde. Dazwischen lag seine Lebensspanne. Er kam von Gott: Deshalb hatte er einen Auftrag, den er zu erfüllen hatte. Er ging wieder zu Gott zurück: Deshalb bewegte sich sein Leben auf ein Ziel zu, auf eine Klimax. Das verleiht dem Leben eine ungemein große Würde und tiefe Bedeutung.»[1] Nachdem Coggan mit 71 Jahren in Pension gegangen war, blieb er noch lange in der Anglikanischen Kirche (der Church of England) aktiv. Er sagte darüber: «Das Schöne am Priestersein ist, dass deine Arbeit nie aufhört, bis sie dich hinaustragen. Dann bekommst du eine andere Arbeit – andernorts.»[2] Er starb im Jahr 2000 mit 90 Jahren.

Der amerikanische Psychiater Dan Blazer, der die Spiritualität älterer Menschen erforscht hat, weist darauf hin, dass die meisten Gläubigen sich gegen die Vorstellung verwahren würden, den Glauben als ein Mittel zur Förderung der eigenen Gesundheit zu betrachten. Spiritualität und Religion sind nicht in erster Linie dazu gedacht, den eigenen Gesundheitszustand zu verbessern, sie besitzen einen intrinsischen Wert. Letzten Endes steht dabei dennoch das menschliche Wohlergehen im Mittelpunkt. Selbst Schicksalsschläge können zu tieferer Einsicht führen, wodurch Menschen die kleinen, alltäglichen Geschehnisse mehr schätzen lernen oder anderen Personen mit mehr Verständnis und Hilfsbereitschaft begegnen.

Ein Begriff, der zu Spiritualität in Beziehung steht, ist «Lebenskunst». Der niederländische Philosoph Jan Baars, der an der Humanistischen Universität in Utrecht Altersforschung betreibt, schlägt vor, zum Thema Lebenskunst Seneca zurate zu ziehen. Der römische Philosoph war zu dem Schluss gekommen, dass wir unser Leben als kurz erfahren, weil wir uns die Zeit stehlen lassen. Lebenskunst ist für Seneca vor allem eine Kunst, selbst über seine Zeit bestimmen zu können. Das gehe nur, wenn man seine Aufmerksamkeit auf das Hier und Jetzt konzentriert. Der römische Philosoph sieht die Hauptblockade darin, sein eigenes Glück immer weiter aufzuschieben, in eine Zukunft, in der man dann zufrieden sein wird, und sich auf diese Weise zu wenig dem Reichtum der Gegenwart zu widmen. Das soll beileibe nicht heißen, dass Vergangenheit und Zukunft keine Rolle spielten, es ist aber wichtig, dass sie aus der Gegenwart heraus eine neue Bedeutung erhalten. Diese Fähigkeit, seinen Frieden mit der Vergangenheit zu schließen, meint der römische Denker, sei ein Schatz, der mit zunehmendem Alter vergrößert und vertieft werden könne.

In den vergangenen Jahren fand *Mindfulness* bzw. Achtsamkeit, ein meditationsorientierter Ansatz zur Steigerung des emotionalen Wohlbefindens, in der Psychologie große Beachtung. Sie enthält Elemente östlicher Meditationstechniken, aber auch Senecas Rat, sein Denken auf das Hier und Jetzt zu richten, schwingt dabei mit. Achtsamkeit bedeutet, die Aufmerksamkeit bewusst auf sinnliche Eindrücke oder den Gedankenstrom zu richten. Dabei ist es wichtig, für das, was sich hieraus ergibt, offen zu sein, es nicht gleich zu beurteilen, sondern es gleichsam aus der Distanz zu betrachten. Manchen Menschen ist eine solche Haltung angeboren: Sie können im Allgemeinen besser mit ihren Gefühlen und den Gefühlen anderer umgehen und werden nicht so schnell depressiv wie Menschen, denen diese Fähigkeit fehlt.

In einer gemeinsamen Studie mit Kollegen vom NeuroImaging Center in Groningen haben wir die Hirnaktivität von Studenten untersucht, die entweder eine hohe oder gerade eine niedrige Punktezahl bei der Beantwortung eines Fragenkatalogs erreicht hatten, der sich dem regelmäßigen Einnehmen einer bewussten, aufmerksamen Haltung im Alltagsleben widmete. Bei Teilnehmern mit dieser Haltung erwies sich der präfrontale Cortex als aktiver, die Amygdala dagegen als weniger aktiv, wenn sie versuchten, negative Gefühle abzumildern. Diese Gefühle waren durch Abbildungen unangenehmer Situationen ausgelöst worden, etwa eines Beins mit einer offenen Wunde. Bei Menschen mit einer *mindful-attitude*, einer achtsamen Haltung, war ein weiteres Gebiet im Zentrum des präfrontalen Cortex aktiver, ein Gebiet, das für das bewusste Erleben von Gefühlen wichtig ist. Das Muster der Hirnaktivität spiegelt also wider, dass ein Gefühl zugelassen, zugleich aber auch kontrolliert wird. Vielleicht ist das die beste Weise, mit Gefühlen umzugehen: Man lässt sich nicht von ihnen überfluten (alleinige Aktivität der Amygdala, keine präfrontale Aktivität), man unterdrückt die Gefühle nicht bloß (Aktivität eines Gebiet an der Außenseite des präfrontalen Cortex), sondern ist seinen Gefühlen gegenüber offen, während sie gleichzeitig unter Kontrolle gehalten werden.

Aber was tun, wenn einem diese Achtsamkeitshaltung nicht angeboren ist? Man kann sie einüben. Dieser Ansatz findet nicht nur in Therapien gegen Depressionen Eingang, auch Menschen ohne psychische Probleme können an den Übungen teilnehmen. Dabei wird die Fähigkeit trainiert, Situationen, mit denen man konfrontiert wird, «unvoreingenommen» zu betrachten, alltägliche Empfindungen bewusster zu erleben und Geschehnisse anzunehmen. Die Teilnehmer wurden dadurch resistenter gegen psychischen Stress. Interessanterweise verbessert sich dadurch auch die mentale Flexibilität, die Fähigkeit, auf eine andere Art des Denkens umzuschalten, was im täglichen Leben oft von Nutzen sein kann. Die mentale Flexibilität nimmt mit dem Älterwerden ab. Dieser Abbau könnte durch Achtsamkeit zum Teil verlangsamt werden. Studien konnten nachweisen, dass Achtsamkeit auch eine positive Haltung gegenüber dem Älterwerden befördert.

Mindfulness, Achtsamkeit, kann auch helfen, mit unangenehmen Gefühlen und negativen Erfahrungen umzugehen. Wichtig ist, offen zu sein für Erfahrungen, die Befriedigung bieten, d. h., eine Antenne für die positiven Dinge in unserem Leben zu haben. Offenbar ist diese Eigenschaft bei älteren Menschen eher vorhanden als bei jüngeren. Experimente zeigen zudem, dass Ältere beispielsweise dem Betrachten eines frohen Gesichts größere Aufmerksamkeit schenken als dem eines Gesichts mit einem ängstlichen oder traurigen Ausdruck. Aus einer aktuellen Studie geht hervor, dass der Anblick froher Gesichter bei emotional stabilen Älteren in einer Hirnregion im präfrontalen Cortex, die an der Emotionsregulierung beteiligt ist, eine höhere Aktivität erzeugt als bei jüngeren Menschen und bei älteren, weniger stabilen Menschen (mit einem höheren Depressionsrisiko).[3] Nach Ansicht der Forscher lässt sich diese Fähigkeit, positive Informationen um einen herum wahrzunehmen, trainieren und auf diese Weise das Wohlbefinden älterer Menschen verbessern. Namentlich für Ältere, deren Depressionsrisiko aufgrund ihrer emotionalen Instabilität (es geht ihnen schnell etwas nahe, sie sind häufiger trübsinnig oder gereizt) höher ist, sind solche Übungen von Belang.

Der Fünf-Punkte-Plan

Beim Altern unterliegt unser Gehirn Veränderungen, die früher oder später uns alle betreffen. Eine Reihe davon sind Einschränkungen, die mit körperlichen Gebrechen im Alter vergleichbar sind. Wir haben in diesem Buch gesehen, dass vor allem Konzentrationsfähigkeit, Gedächtnis und Flexibilität bei der Verarbeitung neuer Informationen abnehmen. Die verminderte Denk- und Wahrnehmungsgeschwindigkeit ist daran in bedeutendem Maß beteiligt. Hierbei spielt die Verringerung der grauen Substanz im Gehirn durch den Schwund von Neuronen ebenso eine Rolle wie kleine Beschädigungen der weißen Substanz, die für die Geschwindigkeit der Reizübertragung zwischen den Neuronen verantwortlich ist. Wenn das Gedächtnis einer Person, auch nach Ansicht ihrer Mitbewohner, deutlich nachlässt und sich dies aufgrund neuropsychologischer Untersuchungen erhärtet, kann eine Alzheimererkrankung vorliegen. Im Unterschied zu normalen Alterungsprozessen handelt es sich dabei um eine massive Hirnschädigung.

Das Älterwerden bringt jedoch nicht nur Verschlechterungen mit sich. Das ältere Gehirn ist ein erfahrenes Gehirn, das, wenn nötig, neue Lösungen sucht. Wenn eine Hirnhälfte Probleme beim Verarbeiten vieler neuer Informationen bekommt, springt die andere ein. Wir haben gesehen, dass Menschen gerade im Prozess des Älterwerdens wichtige geistige Fähigkeiten, wie das Treffen komplexer Entscheidungen und den Umgang mit Gefühlen, ungemein verbessern können. Auch die Weisheit nimmt zu. In unserer westlichen Kultur ist die Wertschätzung der Weisheit dem Jugendwahn zum Opfer gefallen. Es ist höchste Zeit für eine Neubewertung. Ein aktiver Lebensstil mit gesunder Ernährung und einem Sinn für Spiritualität kann älteren Menschen helfen, weiterhin die Dinge zu verwirklichen, die ihnen im Leben wichtig sind.

Zum Schluss noch exemplarisch der Fall einer Hirnforscherin und ihres alternden Gehirns. Marian Diamond war 1960 die erste Wissenschaftlerin, die als weibliches Mitglied des Führungsstabs der Universität von Kalifornien in Berkeley tätig war. 1974 wurde sie Professorin in der Abteilung Anatomie. Jahrzehntelang stand sie an der vordersten Front der Hirnforschung, sie sezierte u. a. das Gehirn Albert Einsteins. Sie entwickelte einen Fünf-Punkte-Plan, um beim Älterwerden die Leistungsfähigkeit des Gehirns zu erhalten: Ernährung, Bewegung, Herausforderungen, Neugier oder Offenheit für Neues und Liebe. Unter Herausforderungen versteht sie Aktivitäten, die nicht unterfordern, sondern Anstrengung, Intelligenz oder Kreativität erfordern. Des Weiteren rät sie, nach neuen Anreizen zu suchen: etwas anderes zu lesen als üblich oder neue Orte und Menschen aufzusuchen. Diamond hält sich an ihre eigenen Ratschläge, was ihr alles andere als schadet: Mit ihren 81 Jahren gibt sie noch Anatomievorlesungen an der Universität. Auf die Frage nach ihren Herausforderungen antwortet sie: «Alle Studenten, die sich auf diesen Stuhl dort setzen. Sie kommen mit Fragen hierher und erwarten von mir, darauf sinnvolle Antworten zu geben.» Und wie steht es mit Neuem? Ihre vier Enkel, sagt Diamond. Es ist jedes Mal eine neue Herausforderung, sich etwas auszudenken, um deren Gehirn zu stimulieren. Diamond neigt dazu, von ihrer Fünferreihe der Ernährung die größte Bedeutung beizumessen.

Obwohl ich ihre Weisheit bewundere, würde ich doch eine andere Wahl treffen. Die Kraft des älteren Gehirns, das haben wir in diesem Buch gesehen, liegt in dem auf Lebenserfahrung gegründeten Verständnis für Emotionen und soziale Situationen. Liebe und Empathie sind für einen guten Kontakt mit anderen ebenso von großer Bedeutung wie für die Bindung mit denjenigen, die einem am Herzen liegen. Auch wenn man sich vernünftig ernähren und sich mit 80 noch gesund fühlen würde, wäre man mit nur wenigen sozialen Kontakten und einer fehlenden Beziehung zu Familie und Freunden dennoch einsam. Ernährung, Bewegung, Herausforderungen, Offenheit für Neues, all das ist wichtig. Doch über allem steht die Liebe.

Wichtige Erkenntnisse

- Wir sind nicht nur unser Gehirn, sondern wir sind, wer wir sind, durch die Wechselwirkung mit unserer Umge-

bung: Was wir essen, wo wir uns aufhalten und welche Beziehungen wir haben, ist von ausschlaggebender Bedeutung dafür, wer wir sind.
- In Okinawa leben die ältesten und gesündesten Menschen der ganzen Welt. Ihre Nahrung enthält wenig gesättigte Fettsäuren, Salz und Zucker.
- Ein entscheidendes Element einer für das Gehirn positiven Ernährung ist Mäßigung: Man sollte nicht zu viel essen.
- Ausreichend Flüssigkeit zu sich zu nehmen, am besten anderthalb Liter Wasser pro Tag, ist ebenfalls wichtig.
- Dass Körperbewegung gut für unsere geistigen Fähigkeiten ist, wurde am besten nachgewiesen.
- Das Lesen von Büchern eignet sich ebenfalls vorzüglich, unser Gehirn fit zu halten.
- Spiritualität, Religion und Achtsamkeit haben einen nachweislich positiven Einfluss auf die geistige Gesundheit.

Anmerkungen

Kapitel 1

1 Aldo Ciccolini (geboren am 15. August 1925) ist ein italienisch-französischer Pianist. Er begann seine Karriere im Alter von 16 Jahren. Im Frühjahr 2013 gab er immer noch Konzerte. Für die Rezension in *Trouw* siehe: Christo Lelie (2011) «Aldo Ciccolini (85) virtuoos en onvergetelijk in Liszt». *Trouw*, 12. Mai 2011.
2 Die Beispiele von Aristoteles und dem Ichthyologen werden in Salthouse (2010) angeführt.

Kapitel 2

1 Aus Sturrock (2010), übersetzt nach der niederländischen Vorlage, da keine deutsche Übersetzung existiert.
2 Gerben van Kleef, *Op het gevoel*. Uitgeverij Atlas Contact, 2012. Van Kleef legt in diesem Buch dar, dass Gefühle wichtig sind, um andere verstehen und eigene Interessen vertreten zu können. Mit unseren Gefühlen beeinflussen wir ständig, bewusst wie unbewusst, andere – so wie andere auch uns beeinflussen. Die Vorstellung, Gefühle seien irrational, ist überholt.
3 Mehr über Cortisol und die Auswirkungen von Stress auf das Gehirn beim Altern finden Sie in *Het vitale brein* von Eddy van der Zee (Uitgeverij Bert Bakker, 2012).
4 Hier handelt es sich nicht um eine wörtliche Übersetzung, sondern um eine paraphrasierte Wiedergabe der Antworten der Teilnehmer nach ihrer Veröffentlichung in Grossmann et al. 2010.

Kapitel 3

1 Es gibt auch Hinweise darauf, dass sich ein niedrigerer Stoffwechsel positiv auf das Gehirn auswirkt. Italienische Wissenschaftler haben herausgefunden, dass eine kalorienarme Ernährung die Wirkung von CREB1 fördert. CREB1 ist für das Gehirn, namentlich beim Lernen und Erinnern, von Bedeutung, seine Wirkung nimmt mit fortschreitendem Alter ab.
2 Forscher unter der Leitung des britischen Hochschullehrers I. J. Deary analysierten dafür die Gehirne von 132 74-Jährigen (Penke et al. 2010). Beschädigungen der Nervenbahnen in der weißen Substanz gingen mit einer Verringerung der Denkgeschwindigkeit, jedoch nicht des Gedächtnisses oder der exekutiven Funktionen einher. Die mögliche Beschädigung der Nervenbahnen in der weißen Substanz kann mit einer speziellen MRT-Scantechnik gemessen werden, der sogenannten *Diffusion Tensor Imaging* (DTI). Diese Technik baut auf der molekularen Bewegung von Wasserstoffprotonen auf. Da sich diese Protonen eher entlang der axonalen Strukturen von Neuronen bewegen als senkrecht zu ihnen, können Forscher mithilfe von DTI eine Übersicht des Nervenbahnnetzes in der weißen Substanz darstellen.
3 Diese Substanzen betrafen hauptsächlich Chemokine.
4 Dieses Muster ist auch unter dem Akronym HAROLD bekannt: Hemispheric Asymmetry Reduction in Older Adults.

Kapitel 4

1 Strauch, B. *The Secret Life of the Grown-up Brain.* [dt: *Da geht noch was: Die überraschenden Fähigkeiten des erwachsenen Gehirns.* Aus dem Amerikanischen von Sebastian Vogel. Berlin Verlag 2012.] In diesem Buch beschreibt Strauch die Entwicklung des Gehirns (und der geistigen Fähigkeiten) von Menschen mittleren Alters zwischen 40 und 68 Jahren.
2 Diese Bibliographie habe ich mit Shankar Tumati erstellt, Forscher am NeuroImaging Center des UMC Groningen. Bei einer

MR-Spektroskopie werden die Konzentrationen bestimmter Stoffe gemessen, die beim Stoffwechsel im Gehirn beteiligt sind, die sogenannten Metabolite. Durch kleine Unterschiede in der Resonanzfrequenz zwischen Wasserstoffkernen und Gruppen von Wasserstoffkernen in verschiedenen Molekülen und an verschiedenen Stellen in Molekülen, kann jedes Molekül an seinem typischen Muster von Spitzen, dem sogenannten Spektrum, erkannt werden. Weil das charakteristische Muster all dieser Stoffe bekannt ist, kann aus dem gesamten Spektrum der gemessenen Hirnregion jeder einzelne Stoff im Prinzip bestimmt werden. Ein wichtiger Stoff, dessen Konzentration bei MCI abgesenkt ist, ist N-Acetyl-Aspartat (NAA). NAA kommt in gesunden, funktionierenden Neuronen vor. Eine Minderung der Konzentration gilt als Beweis für Schäden an Nervenzellen.

3 So hat die Groninger Wissenschaftlerin Dr. Ellen Nollen vor kurzem ein weiteres Gen entdeckt, das die Klumpenbildung missgebildeter Eiweiße fördert. Wenn dieses Gen ausgeschaltet wird, geht die Klumpung um 75 Prozent zurück. Das könnte neue Behandlungsmöglichkeiten eröffnen. Das betreffende Gen hat den Namen MOAG4. Übrigens wurde die Studie an kleinen Würmern durchgeführt, den *C. Elegans*. Aber der Schritt zum Menschen und zu eventuellen Behandlungen der Alzheimerkrankheit scheint groß zu sein, und es wird gewiss noch viel Wasser ins Meer fließen müssen, bis derartige Befunde eine effektive Behandlung erfahren. Andererseits können die entsprechenden Gene und Eiweiße, um die es sich handelt, auch am *C. Elegans* studiert werden. Überdies ist es für die Studie von Vorteil, dass der Alterungsprozess dieser Tiere sehr schnell verläuft, es ist eine Frage von wenigen Wochen.

4 Es handelt es sich um einen PET-Scan, wobei PET für Positronen-Emissions-Tomographie steht. Dabei wird ein radioaktives Isotop ins Blut gespritzt; beim Zerfall dieses Isotops werden Signale freigesetzt, die mit dem Scanner bildlich dargestellt werden können. Diese Signale sind auf den spezifischen Rezeptoren im Gehirn sichtbar, an denen das Isotop andockt. Rezeptoren sind die Andockstellen von Botenstoffen der Neuronen. Ein spezifisches Isotop namens (11)C-PiB ist sensibel für Beta-Amyloid-Ablage-

rungen. Beta-Amyloid ist jenes Eiweiß, das sich bei Alzheimer verformt und ansammelt.

5 Es handelte sich um die Werte von T-tau, Aß1–42 und P-tau181p, und die Raten T-tau: Aß1–42, und P-tau181p: Aß1–42.

6 Dass Faktoren wie Proteine in der Rückenmarksflüssigkeit und neuropsychologische Tests in einem gewissen Zusammenhang zueinander stehen, ging auch aus einer interessanten schwedischen Studie hervor. Die Forscher verglichen 73 Personen mit MCI und normalen Eiweißkonzentrationen in der Rückenmarksflüssigkeit mit 73 Personen, die ebenfalls MCI hatten, jedoch mit abnormen Eiweißkonzentrationen. An der Studie nahmen auch 50 gesunde Altersgenossen teil. Alle drei Gruppen wurden umfänglich auf Denkgeschwindigkeit, Aufmerksamkeit, Gedächtnis, räumliches Orientierungsvermögen, Sprache und exekutive Funktionen getestet. Die MCI-Patienten mit abnormen Eiweißkonzentrationen erbrachten bei den kognitiven Tests deutlich schlechtere Leistungen als die MCI-Patienten mit normalen Eiweißwerten. Dies galt vor allem für Denkgeschwindigkeit und Gedächtnis. Der Befund untermauert die These, dass abnorme Eiweißkonzentrationen in der Rückenmarksflüssigkeit und eine verringerte Leistung bei neuropsychologischen Tests jeweils den Krankheitsprozess im Gehirn widerspiegeln.

7 Bei den zwei Arten von Medikamenten handelt es sich um Acetylcholinesterasehemmer (die die Neurotransmission von Acetylcholin fördert) und um einen NMDA-Rezeptorenantagonisten (der die Wirkung von Glutamat auf die Hirnzellen blockiert).

8 Wiesman, A. «Laat vitale ouderen in de zorg werken», Interview mit Rudi Westendorp. *De Volkskrant*, 22. Oktober 2011.

9 «Ronald Reagan's son: Alzheimer's seen during presidency», Reuters, 14. Januar 2011. Zitiert nach Huub Buijssen, *Demenz und Alzheimer verstehen*. Übers. von Eva Grambow. Beltz Taschenbücher, 6. Aufl., 2011, S. 124–125.

10 Olde Rikkert, M., M. Verbeek, F. Verhey, M. de Vugt, «De ziekte van Alzheimer bestaat niet», *NRC Handelsblad*, Mittwoch, 11. April 2012.

Kapitel 5

1 Schon allein die Tatsache, dass jemandem ein Heilmittel verordnet wird, kann zu einer Linderung der Beschwerden führen. Diese Linderung kann also unabhängig von der eventuellen Wirksamkeit des Mittels eintreten, sodass sie dem Mittel selbst zu Unrecht zugeschrieben würde. Der Placeboeffekt (eine eintretende Verbesserung bei der Einnahme einer unwirksamen Substanz) geht auf das Konto der positiven Erwartungen des Patienten, die übrigens meist unbewusst sind. Natürlich wussten die Teilnehmer nicht, ob das Pulver, das sie täglich mit ihrer Nahrung oder den Getränken einnahmen, ein Soja- oder Placebopräparat war. Auch die Testleiter waren nicht informiert, wer was einnahm. Eine solche Versuchsanordnung, in der weder die Testperson noch die Testleiter wissen, welcher Behandlungsgruppe ein Proband angehört, nennt man Doppelblind-Studie. Sie ist wichtig, denn auch die Mediziner können die Teilnehmer durch ihre eigenen Erwartungen unbewusst beeinflussen.

2 Dieses Mal in Zusammenarbeit mit Dr. M. H. Emmelot-Vonk, Dr. H. J. J. Verhaar, Kollegen aus der Geriatrie-Abteilung des UMC Utrecht, unter der Leitung von Prof. Y. T. van der Schouw.

3 Die Entscheidung für die neuropsychologischen Tests wurde nach Rücksprache mit Edward de Haan, Professor für Neuropsychologie, getroffen. Er gab einen sehr wertvollen wissenschaftlichen Hinweis auf etwas, worauf ich selbst nicht so schnell gekommen wäre. Ich glaubte, mich auf Tests zur Messung der mentalen Fähigkeiten konzentrieren zu können, die im Alter nachlassen. Denn damit konnte man feststellen, ob diese Fähigkeiten mit dem IGF-Spiegel in Zusammenhang stehen oder nicht. Nimmt man jedoch an – und darauf wies de Haan hin –, dass der Zusammenhang von mentalen Fähigkeiten und IGF mit deren beiderseitiger Abnahme verbunden ist, verliert man aus dem Blick, dass es auch mentale Fähigkeiten gibt, die beim Älterwerden *nicht* nachlassen. Wie wir ja in Kapitel 1 gesehen haben, gibt es auch Funktionen wie Wortschatz, Lesekompetenz und Weltkenntnis, die sich beim Älterwerden nicht verschlechtern. Wis-

senschaftlich gesehen, würde man die Hypothese also überzeugender bestätigt haben, wenn man nicht nur das Gedächtnis, die Aufmerksamkeit und die mentale Flexibilität testen würde (also jene Funktionen, von denen man annehmen kann, dass sie sich nicht erhalten oder zumindest nicht unangetastet bleiben), sondern auch den Wortschatz, die Lesekompetenz und die Weltkenntnis (als Funktionen, die erhalten bleiben).

Bei den letztgenannten Tests zu den beständigen Funktionen erwartet man keinen Zusammenhang mit IGF, wohl aber bei den erstgenannten Tests zu den unbeständigen Funktionen. Aus diesem Grund habe ich acht Tests durchgeführt: vier Tests, die sich auf altersabhängige unbeständige Funktionen, und vier Tests, die sich auf altersunabhängige beständige Funktionen bezogen.

Kapitel 6

1 Vriesema, I. (2011). «‹Je moet jezelf blijven ontplooien›; oudste promovendus van Nederland promoveert morgen in Nijmegen.» nrc Handelsblad, 18. April 2011.
2 Vitamin B12 wird zur Bildung roter Blutzellen und für ein gutes Arbeiten des Nervensystems benötigt. Es kommt nur in tierischen Produkten wie Milch, Milchprodukten, Fleisch, Wurst, Fisch und Eiern vor. Vitamin B12 wird auch als Cobalamin bezeichnet. Bei Menschen, die keinerlei tierische Produkte verwenden, etwa Veganer, ist das Risiko eines Vitamin-B12-Mangels groß. Auch ältere Menschen mit einer atrophischen Gastritis, einer Magenkrankheit, oder Menschen mit einem zu geringen Mageneiweiß bzw. Glykoprotein *Intrinsic Factor* sind von dem Risiko von Mangelerscheinungen betroffen. Ein Vitamin-B12-Mangel führt zu einer Form von Blutarmut, zu perniziöser Anämie. Dieser Mangel kann auch neurologische Folgen haben, etwa Kribbeln in den Fingern, Parästhesien, Gedächtnisverlust, Koordinationsstörungen oder Ataxie und Muskelschwäche in den Beinen.
3 Aktive Wirkstoffe im Ginkgoextrakt sind Flavonoide und die Terpene Ginkgolid und Bilobalid.
4 http://www.parool.nl/parool/nl/265/gezondheid/article/detail/1882598/2011/04/29/Intensief-sporten-houdt-brein-scherp.dhtml

Kapitel 7

1 Diese Formulierung variiert eine Definition von Caroline Bassett von The Wisdom Institute, http://www.secondjourney.org/itin/09_Fall/Bassett_09Fall.htm
2 Sprüche Salomons 8, Vers 1, 10, 11 (Luther-Bibel).
3 Job 12, Vers 12 (Luther-Bibel).
4 Aus Powell (2011).
5 Aus Sinnott (1998).
6 Das Beispiel von Harold und Hanneke wurde mit einigen Modifikationen übernommen aus Erber (2010).
7 Den Begriff «Vorschiff» zur Beschreibung dieses Teils des Gehirns habe ich von René Kahn übernommen (*Onze hersenen*, Uitgeverij Balans 2004).

Kapitel 8

1 Zitiert in Burton-Jones, J. (1997). Now and Forever: Reflections on the Later Years of Life. London: Triangle.
2 http://www.guardian.co.uk/news/2000/may/19/guardianobituaries.religion
3 Dies scheint im Widerspruch zu dem in Kapitel 2 besprochenen Ergebnis zu stehen, wonach Ältere gerade weniger Hirnaktivität für positive Reize zeigen. Es gibt allerdings zwei wichtige Unterschiede zwischen der Studie aus Kapitel 2 und dieser Untersuchung: Es handelt sich erstens um verschiedene Gebiete im präfrontalen Cortex (dort um die Außenseite des präfrontalen Cortex, hier um die Innenseite, den medialen präfrontalen Cortex und den anterioren cingulären Cortex). Zweitens ging es dort um frohe Gesichter, die bei einer Arbeitsgedächtnisaufgabe als ablenkende Reize auf einem Bildschirm erscheinen, allerdings nur im Hintergrund dieser Aufgabe, man muss sie nicht weiter beachten. Aus der Tatsache, dass die emotional stabileren Älteren auf diese Hintergrundreize mit mehr Hirnaktivität in der Hirnregion reagieren, die unsere Aufmerksamkeit steuert, ließe sich folgern, dass sie mehr Aufmerksamkeit für positive Reize haben.

Literatur

Allgemein

Craik, F. I. M., T. A. Salthouse (Hg.) (2010). *Handbook of Aging and Cognition* (3. Auflage). New York: Psychology Press: 1–54.

Depp, C. A., D. V. Jeste (Hg.) (2001). *Successful Cognitive and Emotional Aging*. Washington: American Psychiatric Publishing.

Salthouse, T. A. (2010). *Major Issues in Cognitive Aging*. Oxford: Oxford University Press.

Vorwort

NRC Handelsblad, 16. u. 17. Juni 2012. Rubrik «Het laatste word».

Kapitel 1

Bunce, D., A. Macready (2005). «Processing Speed, Executive Function and Age Differences in Remembering and Knowing». *Quarterly Journal of Experimental Psychology*, 58: 155–168.

Cragg, L., K. Nation (2007). «Self-ordered-pointing as a test of working memory in typically developing children». *Memory*, 15(5): 526–535.

Helmuth, L. (2003). «Aging. The Wisdom of the Wizened». *Science*, 299: 1300–1302.

Holahan, C. K., C. J. Holahan, K. E. Velasquez, R. J. North (2008). «Longitudinal Change in Happiness during Aging: The Predictive Role of Positive Expectancies». *International Journal of Aging and Human Development*, 66(3): 229–241.

Hsu, L. M., J. Chung, E. J. Langer (2010). «The Influence of Agerelated Cues of Health and Longevity». *Perspectives on Psychological Science*, 5: 632–648.

Kotter-Grühn, D., A. Kleinspehn-Ammerlahn, D. Gerstorf, J. Smith (2009). «Self-Perceptions of Aging Predict Mortality and Change with Approaching Death: 16-year Longitudinal Results from the Berlin Aging Study». *Psychology and Aging*, 24: 654–667.

Levy, B., E. Lange (1994). «Aging Free From Negative Stereotypes: Successful Memory in China and Among the American Deaf». *Journal of Personality and Social Psychology*, 66(6): 989–997.

Levy, B. R., M. D. Slade, S. R. Kunkel, S. V. Kasl (2002). «Longevity Increased by Positive Self-Perceptions of Aging». *Journal of Personality and Social Psychology*, 83: 261–270.

Magalhães, S. S., A. C. Hamdan (2010). «The Rey Auditory Verbal Learning Test: Normative Data for the Brazilian Population and Analysis of the Influence of Demographic Variables». *Psychology & Neuroscience*, 3(1): 85–91.

Mac Daniel, M. A., G. O. Einstein, L. L. Jacoby (2008). «New Considerations in Aging and Memory». In: F. I. M. Craik, T. A. Salthouse (Hg.) *The Handbook of Aging and Cognition*. New York, NY: Psychology Press: 251–310.

Salthouse, T. A. (2012). «Does the Level at which Cognitive Chance Occurs Change with Age?» Psychol Sci., 23 (1): 18–23.

Salthouse, T. A., J. E. Pink, E. M. Tucker-Drob (2008). Cotextual Analysis of Fluid Intelligence. *Intelligence*, 36 (5): 464–486.

Spreen, O., E. Strauss (1998). *A Compendium of Neuropsychological Tests: Administration, Norms and Commentary*, 2. Auflage. New York, NY: Oxford University Press.

Studie, wonach ältere Spinnen schlechtere Netze weben: http://www.physorg.com/news/2011-07-web-skills-clues-aging.html

Thomèse, F., A. Bergsma (2008). «*Van oude mensen en dingen die nog komen*», Geron 10(3): 60–63.

Tombaugh, T. N., P. Faulkner, A. M. Hubley (1992). «Effects of Age on the Rey-Osterrieth and Taylor Complex Figures: Test-Retest Data Using an Intentional Learning Paradigm». *J Clin Exp Neuropsychol*, 14 (5): 647–661.

Xu, J., R. E. Roberts (2010). «The Power of Positive Emotions: It's a Matter of Life or Death – Subjective Well-Being and Longevity over 28 years in a General Population.» *Health Psychol*, 29 (1): 9–19.

Kapitel 2

Anekdote Henk Spaan: Arno Kantelberg in *de Volkskrant* vom 28. Dezember 2011.

Almeida, D. M., M. C. Horn (2004). «Is Daily Life More Stressful During Middle Adulthood?» In: O. G. Brim, C. D. Ryff, R. C. Kessler (Hg.). *How Healthy are We?: A National Study of Well-Being at Midlife*. Chicago: University of Chicago Press: 425–451.

Ayuso-Mateos, J. L., J. L. Vázquez-Barquero, C. Dowrick et al. (2001). «Depressive Disorders in Europe: Prevalence Figures from the ODIN Study». *British Journal of Psychiatry*, 179: 308–316.

Beekman, A. T. F. (2011). «Neuropathological Correlates of Late-Life Depression». *Expert Reviews in Neurotherapeutics*, 11: 947–949.

Berk, L. E. (2007). *Development Through the Lifespan* (4. Aufl.). Boston: Pearson – Allyn and Bacon.

Brassen, S., M. Gamer, C. Büchel (2011). «Anterior Cingulate Activation is Related to a Positivity Bias and Emotional Stability in Successful Aging». *Biology Psychiatry*. 70 (2): 131–137.

Charles, S. T., L. J. Carstensen (2009). «Social and Emotional Aging». *Annual Review of Psychology*. 61: 383–409. Charles S. T., B. N. Horwitz (2010). «Positive Emotions and Health». In: C. A. Depp, D. V. Jeste (Hg.) (2010). *Successful Cognitive and Emotional Aging*. Washington: American Psychiatric Publishing.

Erber, J. T. (2010). *Aging and older adulthood*. Oxford: Wiley-Blackwell.

Gross, J. J., L. L. Carstensen, M. Pasupathi, J. Tsai, C. G. Skorpen, A. Y. C. Hsu (1997). «Emotion and Aging: Experience, Expression and Control». *Psychology and Aging*, 12 (4): 590–599.

Grossmann, I., J. Na, M. E. Varnum, D. C. Park, S. Kitayama, R. E. Nisbett (2010). «Reasoning About Social Conflicts Improves into Old Age». *Proc Natl Acad Sci USA*, 107 (16): 7246–7250.

Nashiro, K., M. Sakaki, M. Mather (2012). «Age Differences in Brain Activity during Emotion Processing: Reflections of Age-Related Decline or Increased Emotion Regulation?» *Gerontology*, 58(2): 156–163, 18, 2012.

Scheibe, S., L. L. Carstensen (2010). «Emotional Aging: Recent Findings and Future Trends». *Journal of Gerontology, Series B*, 65B, Issue 2: 135–144.

Sharot, T., A. M. Riccardi, C. M. Raio, E. A. Phelps (2007). «Neural Mechanisms Mediating Optimism Bias». *Nature*, [1. Nov. 2007;] 450 (7166): 102–105.

Sturrock, D. (2010). *Storyteller. The Authorized Biography of Roald Dahl*. New York: Simon & Schuster.

Urry, H. L., J. J. Gross (2010). «Emotion Regulation in Older Age. Current Directions». *Psychological Science,* 19: 352–357.

Williams, L. M., K. J. Brown, D. Palmer, B. J. Liddell, A. H. Kemp, G. Olivieri, A. Peduto, E. Gordon (2006). «The Mellow Years?: Neural Basis of Improving Emotional Stability over Age». *J Neurosci*, 26 (24): 6422–6430.

Kapitel 3

Burgmans, S., E. H. Gronenschild, Y. Fandakova, Y. L. Shing, M. P. van Boxtel, E. F. Vuurman, H. B. Uylings, J. Jolles, N. Raz (2011). «Age Differences in Speed of Processing are Partially Mediated by Differences in Axonal Integrity». *NeuroImage*, 55 (3): 1287–1297.

Cabeza, R., S. M. Daselaar, F. Dolcos, S. E. Prince, M. Budde, L. Nyberg (2004). «Task-independent and task-specific age effects on brain activity during working memory, visual attention and episodic retrieval». *Cereb Cortex*, 14: 364–375.

Craik, F. I. M., T. A. Salthouse (Hg.) (2010). *Handbook of Aging and Cognition* (3. Aufl.). New York, NY: Psychology Press: Kapitel 4 (Brain Reserve Hypothesis).

Davis, S. W., N. A. Dennis, S. M. Daselaar, M. S. Fleck, R. Cabeza (2008). «Qué PASA? The Posterior-Anterior Shift in Aging». *Cerebral Cortex*, 18, Issue 5: 1201–1209.

Dennis, N. A., R. Cabeza (2008). «Neuroimaging of Healthy Cognitive Aging». In: F. I. M. Craik, T. A. Salthouse (Hg.) (2010). *Handbook of Aging and Cognition* (3. Aufl.). New York, NY: Psychology Press: 1–54.

Dumas, J. A., P. A. Newhouse (2011). «The Cholinergic Hypothesis of Cognitive Aging Revisited Again: Cholinergic Functional Compensation». *Pharmacol Biochem Behav*, 99 (2): 254–261.

Fotenos, A. F., M. A. Mintun, A. Z. Snyder, J. C. Morris, R. L. Buckner (2008). «Brain volume decline in aging: Evidence for a relation between socioeconomic status, preclinical Alzheimer disease, and reserve». *Arch Neurol*, 65(1): 113–120.

Fusco, S., C. Ripoli, M. V. Podda et al. (2012). «A Role for Neuronal camp Responsive-Element Binding (CREB)-1 in Brain Responses to Calorie Restriction». *Proc of the Natl Acad Sci usa*, 109 (2): 621–626.

Galvan, V., K. Jin (2007). «Neurogenesis in the Aging Brain». *Clin Interv Aging*, 2 (4): 605–610.

Guttman, M. (2001). «The Aging Brain». *USC Health Magazine*, Frühjahr.

Penke, L., S. Muñoz Maniega, C. Murray, A. J. Gow, M. C. Valdèz Hernández, J. D. Clayden, J. M. Starr, J. M. Wardlaw, M. E. Bastin, I. J. Deary (2010). «A General Factor of Brain White Matter Integrity Predicts Information Processing Speed in Healthy Older People». *J Neurosci*, 30 (22): 7569–7574.

Resnick, S. M., D. L. Pham, M. A. Kraut, A. B. Zonderman, C. Davatzikos (2003). «Longitudinal Magnetic Resonance Imaging Studies of Older Adults: a Shrinking Brain». *J Neurosci*, 23 (8): 3295–3301.

Resnick, S. M., J. Sojkova, Y. Zhou, Y. An, W. Ye, D. P. Holt, R. F. Dannals, C. A. Mathis, W. E. Klunk, L. Ferrucci, M. A. Kraut, D. F. Wong (2010). «Longitudinal cognitive decline is associated with fibrillar amyloid-beta measured by [^{11}C] PiB». *Neurology*, 74 (10): 807–815.

Salthouse, T. A. (2011). «Neuroanatomical Substrates of Age-Related Cognitive Decline». *Psychological Bulletin*, 137: 753–784.

Shors, T. J., G. Miesegaes, A. Beylin, M. Zhao, T. Rydel, E. Gould (2001). «Neurogenesis in the Adult is Involved in the Formation of Trace Memories». *Nature*, 410 (6826): 372–376. Erratum in: *Nature*, 414 (6866): 938.

Sowell, E. R., P. M. Thompson, A. W. Toga (2004). «Mapping Changes in the Human Cortex Throughout the Span of Life». *Neuroscientist*, 10: 372–392.

Villeda, S. A., J. Luo, K. I. Mosher et al. (2011). «The Ageing Systemic Milieu Negatively Regulates Neurogenesis and Cognitive Function». *Nature*, 477 (7362): 90–94.

Kapitel 4

Ratschläge bei MCI: *Mayoclinic.com*; für Information über MCI und Demenz siehe auch: http://www.alzheimercentrum.nl

Baker, L. D., L. L. Frank, K. Foster-Schubert et al. (2010). «Effects of Aerobic Exercise on Mild Cognitive Impairment: A Controlled Trial». *Arch Neurol.* 67(1): 71–79.

Belleville, S. (2008). «Cognitive Training for Persons with Mild Cognitive Impairment». *Int Psychogeriatr*, 20: 57–66.

Binnewijzend, M. A., M. M. Schoonheim, E. Sanz-Arigita, A. M. Wink, W. M.

van der Flier, N. Tolboom, S. M. Adriaanse, J. S. Damoiseaux, P. Scheltens, B. N. van Berckel, F. Barkhof (2012). «Resting-state fMRI changes in Alzheimer's disease and mild cognitive impairment». *Neurobiol Aging*, Sept.; 33(9): 2018–2028.

Brief Reagans über Alzheimer: Zitiert nach Huub Buijssen, Demenz und Alzheimer verstehen. Übers. Eva Grambow. Beltz Taschenbücher, 6. Aufl. 2011, 124–125.

Buschert, V., A. L. Bokde, H. Hampel (2010). «Cognitive Intervention in Alzheimer Disease». *Nat Rev Neurol*, 6 (9): 508–517.

Carlson, M. C., K. I. Erickson, A. F. Kramer et al. (2009). «Evidence for Neurocognitive Plasticity in At-Risk Older Adults: The Experience Corps Program». *J Gerontol A Biol Sci Med Sci*, 64 (12):1275–1282.

Cherbuin, N., P. Sachdev, K. J. Anstey (2010). «Neuropsychological Predictors of Transition from Healthy Cognitive Aging to Mild Cognitive Impairment: The path Through Life Study». *Am Geriatr Psychiatry*, 18 (8): 723–733.

Costafreda, S. G., I. D. Dinov, Z. Tu, et al. (2011). «Automated Hippocampal Shape Analysis Predicts the Onset of Dementia in Mild Cognitive Impairment». *NeuroImage*, 56 (1): 212–219.

Cui, Y., B. Liu, S. Luo et al. (2011). «Identification of Conversion from Mild Cognitive Impairment to Alzheimer's Disease Using Multivariate Predictors». *PLoS one*, 6 (7): e21896 [E-Pub.]

Erk, S., A. Spottke, A. Meisen et al. (2011). «Evidence of Neuronal Compensation During Episodic Memory in Subjective Memory Impairment». *Arch Gen Psychiatry*, 68 (8): 845–852.

Ferreira, L. K., B. S. Diniz, O. V. Forlenza et al. (2011). «Neurostructural Predictors of Alzheimer's Disease: A Meta-Analysis of vbm Studies». *Neurobiol Aging*, 32 (10): 1733–1741.

Gates, N. J., P. S. Sachdev, M. A. Fiatarone Singh, M. Valenzuela (2011). «Cognitive and Memory Training in Adults at Risk of Dementia: A Systematic Review». *BMC Geriatr*, 11: 55.

Geda, Y. E., H. M. Topazian, R. A. Lewis et al. (2011). «Engaging in Cognitive activities, Aging, and Mild Cognitive Impairment: A Population-Based Study». *J Neuropsychiatry Clin Neurosci*, 23 (2): 149–154.

Kontroverse über MCI in der New York Times: http://www.psychologytoday.com/blog/the-aging-intellect/201106/not-everyone-mild-cognitive-impairment-progresses-dementia

Li, H., J. Li, N. Li, B. Li et al. (2011). «Cognitive Intervention for Persons with

Mild Cognitive Impairment: A Meta-Analysis». *Ageing Res Rev,* 10 (2): 285–296.

Olde Rikkert, M., M. Verbeek, F. Verhey, M. De Vugt (2012). «De ziekte van Alzheimer bestaat niet». *NRC Handelsblad,* 11. April 2012.

Yankner, B. A., T. Lu, P. Loerch (2008). «The Aging Brain». *Annu Rev Pathol,* 3: 41–66.

Kapitel 5

Aleman, A., I. Torres-Alemán (2009). «Circulating insulin-like growth factor I and cognitive function: neuromodulation throughout the lifespan.» *Progress in Neurobiology,* 89(3): 256–265.

Aleman, A., H. J. Verhaar, E. H. de Haan, W. R. de Vries, M. M. Samson, M. L. Drent, E. A. van der Veen, H. P. Koppeschaar (1999). «Insulin-like growth factor-1 and cognitive function in healthy older men». *J Clin Endocrinol Metab,* Feb.; 84(2) 471–475.

Ayers, B., M. Forshaw, M. S. Hunter (2010). «The impact of attidues towards the menopause on women's symptom experience: a systematic review». *Maturitas,* Jan.; 65(1): 28–36.

Dik, M. G., S. M. Pluijm, C. Jonker, D. J. Deeg, M. Z. Lomecky, P. Lips (2003).»Insulin-like growth factor I (IGF-I) and cognitive decline in older persons.»- *Neurobiol Aging* Juli-August; 24(4): 57381. Erratum in: *Neurobiol Aging.* Feb. 2004; 25(2): 271.

Dumas, J. A., A. M. Kutz, M. R. Naylor, J. V. Johnson, P. A. Newhouse (2010). «Increased memory load-related frontal activation after estradiol treatment in postmenopausal women». *Horm Behav.* Nov.; 58(5): 929–935.

Emmelot-Vonk, M. H., H. J. Verhaar, H. R. Nakhai Pour, A. Aleman, T. M. Lock, J. L. Bosch, D. E. Grobbee, Y. T. van der Schouw (2008). «Effect of testosterone supplementation on functional mobility, cognition, and other parameters in older men: a randomized controlled trial». *JAMA.* 2. Jan.; 299(1): 39–52.

Foster, T. C. (2012). «Role of estrogen receptor alpha and beta expression and signaling on cognitive function during aging». *Hippocampus,* April; 22(4): 656–669.

Hogervorst, E., S. Bandelow (2010). «Sex steroids to maintain cognitive function in women after the menopause: a meta-analysis of treatment trials.» *Maturitas* 66(1): 56–71.

Holland, J., S. Bandelow, E. Hogervorst (2011). «Testosterone levels and cognition in elderly men: a review». *Maturitas* Aug.; 69(4): 322–337.

Kreijkamp-Kaspers, S., L. Kok, D. E. Grobbee, E. H. de Haan, A. Aleman, Y. T. van der Schouw (2007). «Dietary phytoestrogen intake and cognitive function in older women». *J Gerontol A Biol Sci Med Sci*, Mai; 62(5): 556–562.

Kreijkamp-Kaspers, S., L. Kok, D. E. Grobbee, E. H. F. de Haan, A. Aleman, J. W. Lampe, Y. T. van der Schouw. (2004). «Effects of soy protein containing isoflavones on cognitive function, bone mineral density and plasma lipids in postmenopausal women: a randomized trial». *JAMA*, 7. Juli; 292(1): 65–74.

Leon-Carrion, J., J. F. Martin-Rodriguez, A. Madrazo-Atutxa, A. Soto-Moreno, E. Venegas-Moreno, E. Torres-Vela, P. Benito-López, M. A. Gálvez, F. J. Tinahones, A. Leal-Cerro (2010). «Evidence of cognitive and neurophysiological impairment in patients with untreated naive acromegaly». *J. Clin Endocrinol Metab.* Sep.; 95(9): 4367–4379.

Melby, M. K., M. Lock, P. Kaufert.(2005). «Culture and symptom reporting at menopause». *Hum Reprod Update.* Sep.-Okt.; 11(5): 495–512.

Muller, M, A. Aleman, D. E. Grobbee, E. H. de Haan, Y. T. van der Schouw (2005). «Endogenous sex hormone levels and cognitive function in aging men: is there an optimal level?» *Neurology*, 8. März; 64(5): 866–871.

Shepard, R. N., J. Metzler (1971). «Mental rotation of three-dimensional objects». *Science*, 171, 701–703.

Kapitel 6

Aleman, A. (2004). *Natuurlijk beter; natuurlijke middelen voor neerslachtigheid, nervositeit, vergeetachtigheid en slapeloosheid.* Houten: Den Hertog.

Angevaren, M., G. Aufdemkampe, H. J. Verhaar, A. Aleman, L. Vanhees (2008). «Physical activity and enhanced fitness to improve cognitive function in older people without known cognitive impairment». *Cochrane Database Syst Rev.* 16.; (2): cd005381. 43.

Basak, C., W. R. Boot, M. W. Voss, A. F. Kramer (2008). «Can training in a real-time strategy video game attenuate cognitive decline in older adults?» *Psychol Aging*, 23: 765–777.

Cicero-Zitat: S. 62 in J. Dohmen, J. Baars (Hg.). *De kunst van het ouder worden; De grote filosofen over ouderdom.* Amsterdam: Ambo, 2010 (2. Auflage).

Colcombe, S. J., K. I. Erickson, P. E. Scalf, J. S. Kim, R. Prakash, E. McAuley, S. Elavsky, D. X. Marquez, L. Hu, A. F. Kramer (2006). «Aerobic exercise training increases brain volume in aging humans». *J Gerontol A Biol Sci Med Sci.* Nov.; 61(11): 1166–1170.

Durga, J., M. P. van Boxtel, E. G. Schouten, F. J. Kok, J. Jolles, M. B. Katan, P. Verhoef (2007). «Effect of 3-year folic acid supplementation on cognitive function in older adults in the facit trial: a randomised, double blind, controlled trial». *Lancet,* 20. Jan.; 369(9557): 208–216.

Erickson, K. I., M. W. Voss, R. S. Prakash, C. Basak, A. Szabo, L. Chaddock, J. S. Kim, S. Heo, H. Alves, S. M. White, T. R. Wojcicki, E. Mailey, V. J. Vieira, S. A. Martin, B. D. Pence, J. A. Woods, E. McAuley, A. F. Kramer (2011). «Exercise training increases size of hippocampus and improves memory». *Proc Natl Acad Sci usa.* 15. Feb.; 108(7): 3017–3022.

Fernández-Prado, S., S. Conlon, J. M. Mayán-Santos, M. Gandoy-Crego (2012). «The influence of a cognitive stimulation program on the quality of life perception among the elderly». *Arch Gerontol Geriatr.* Jan.; 54(1): 181–184.

FitzGerald, D. B, G. P. Crucian, J. B. Mielke, B. V. Shenal, D. Burks, K. B. Womack, G. Ghacibeh, V. Drago, P. S. Foster, E. Valenstein, K. M. Heilman (2008). «Effects of donepezil on verbal memory after semantic processing in healthy older adults». *Cogn Behav Neurol.* Juni; 21(2): 57–64.

Gao, Q., M. Niti, L. Feng, K. B. Yap, T. P. Ng. (2011). «Omega-3 polyunsaturated fatty acid supplements and cognitive decline: Singapore Longitudinal Aging Studies». *J Nutr Health Aging.* Jan.; 15(1): 32–35.

Gross, A. L., G. W. Rebok (2011). «Memory training and strategy use in older adults: results from the active study». *Psychol Aging.* Sep.; 26(3): 503–517.

Hanna-Pladdy, B.; siehe http://www.emory.edu/EMORY_REPORT/stories/2011/04/research_musical_activity_aging_brain.html

Hindin, S. B., E. M. Zelinski (2012). «Extended practice and aerobic exercise interventions benefit untrained cognitive outcomes in older adults: a meta-analysis». *J Am Geriatr Soc.* Jan.; 60(1): 136–141.

Hornung, O. P., F. Regen, H. Danker-Hopfe, M. Schredl, I. Heuser (2007). «The relationship between rem sleep and memory consolidation in old age and effects of cholinergic medication». *Biol Psychiatry.* 15. März; 61(6): 750–757.

Lövdén, M., N. C. Bodammer, S. Kühn, J. Kaufmann, H. Schütze, C. Tempelmann, H. J. Heinze, E. Düzel, F. Schmiedek, U. Lindenberger (2010). «Experience-dependent plasticity of white-matter microstructure extends into old age». *Neuropsychologia.* Nov.; 48(13): 3878–3883.

Lustig, C., P. Shah, R. Seidler, P. A. Reuter-Lorenz (2009). «Aging, training, and the brain: a review and future directions». *Neuropsychol Rev.* 19(4): 504–522.

Mozaffarian, D., J. H. Wu (2011). «Omega-3 fatty acids and cardiovascular disease: effects on risk factors, molecular pathways, and clinical events». *J Am Coll Cardiol.* 8. Nov.; 58(20): 2047–2067.

Mozolic, J. L., S. Hayasaka, P. J. Laurienti (2010). «A cognitive training intervention increases resting cerebral blood flow in healthy older adults». *Front Hum Neurosci.* 12. März; 4:16.

Parker, S., M. Garry, G. O. Einstein, M. A. McDaniel. (2011) «A sham drug improves a demanding prospective memory task». *Memory.* Aug.; 19(6): 606–612.

Rapoport, M. J., B. Weaver, A. Kiss, C. Zucchero Sarracini, H. Moller, N. Herrmann, K. Lanctôt, B. Murray, M. Bédard (2011). «The effects of donepezil on computer-simulated driving ability among healthy older adults: a pilot study». *J Clin Psychopharmacol.* Okt.; 31(5): 587–592.

Silberstein, R. B., A. Pipingas, J. Song, D. A. Camfield, P. J. Nathan, C. Stough (2011). «Examining brain-cognition effects of ginkgo biloba extract: brain activation in the left temporal and left prefrontal cortex in an object working memory task». *Evid Based Complement Alternat Med.* 2011: 164139. Epub, 18. Aug. 2011

Singh-Manoux, A., M. Kivimaki, M. M. Glymour, A. Elbaz, C. Berr, K. P. Ebmeier, J. E. Ferrie, A. Dugravot (2011). «Timing of onset of cognitive decline: results from Whitehall II prospective cohort study». *BMJ.* 5. Jan. 2011; 344: d7622.

Smith, A. D., H. Refsum (2009). «Vitamin B-12 and cognition in the elderly». *Am J Clin Nutr.* Feb.; 89(2): 707S-711S.

Studie Brenda Hanna-Pladdy: http://www.emory.edu/EMORY_REPORT/stories/2011/04/research_musical_activity_aging_brain.html

Turner, D. C., L. Clark, J. Dowson, T. W. Robbins, B. J. Sahakian (2004). «Modafinil improves cognition and response inhibition in adult attention-deficit/hyperactivity disorder». *Biol Psychiatry.* 15. Mai; 55(10): 1031–1040.

Turner, D. C., L. Clark, E. Pomarol-Clotet et al. (2004). «Modafinil improves cognition and attentional set shifting in patients with chronic schizophrenia». *Neuropsychopharmacology.* Juli; 29(7): 1363–1373.

Turner, D.C., T.W. Robbins, L. Clark, A.R. Aron, J. Dowson, B.J. Sahakian (2003). «Cognitive enhancing effects of modafinil in healthy volunteers». *Psychopharmacology*, Jan.; 165(3): 260–269.

Wan, C.Y., G. Schlaug (2010). «Music making as a tool for promoting brain plasticity across the life span». *Neuroscientist*. Okt; 16(5): 566–577.

Kapitel 7

Ardelt, M., M.S.W. Hunhui Oh (2010). «Wisdom». In: C.A. Depp, D.V. Jeste (Hg.), *Successful cognitive and emotional aging*. Washington: American Psychiatric Association.

Cato, M.A., D.C. Delis, T.J. Abildskov, E. Bigler (2004). «Assessing the elusive cognitive deficits associated with ventromedial prefrontal damage: a case of a modern-day Phineas Gage». *Journal of the International Neuropsychological Society*, 10: 453–465.

cbsNews. «Kofi Annan takes over Kenya mediation». http://www.cbsnews.com/2100-202_162-3695650.html

Cohen, G.D. (2009). *Geistig fit im Alter. So bleiben Sie vital und kreativ*. Übers. von Christoph Trunk. München: Deutscher Taschenbuch Verlag.

Collins, N. (2011). «Wisdom comes with age, study shows». *Telegraph*, 24. Aug.

Cozolino, L.J. (2010). *Ein gesundes, alterndes Gehirn: Beziehungen stärken, Einsicht gewinnen*. Freiburg: Arbor Verlag.

Eppinger, B., J. Kray, B. Mock, A. Mecklinger (2008). «Better or worse than expected? Aging, learning, and the ERN». *Neuropsychologia*, Jan.; 46(2), 521–539.

Glück, J., S. Bluck (2011). «Laypeople's conception of wisdom and its development: cognitive and integrative views». *J Gerontel B Sci Soc Sci*, Mai; 66(3): 321–324.

Goldberg, E. (2007). *Die Weisheits-Formel. Wie Sie neue Geisteskraft gewinnen, wenn Sie älter werden*. Übers. von Jochen Eggert. Reinbek: Rowohlt 2007.

Helmuth, L. (2003). «Aging. The wisdom of the wizened». *Science*, 28. Feb.; 299(5611): 1300–1302.

Jeste, D.V., J.C. Harris (2010). «Wisdom – a neuroscience perspective». *JAMA*, Oct 13; 304(14): 1602–1603.

Meeks, T.W., D.V. Jeste (2009). «Neurobiology of wisdom; a literature overview». *Arch Gen Psychiatry*, Apr; 66(4): 355–365.

Powell, D. H. (2011). *The aging intellect*. New York: Routledge.

Sinnott, J. D. (1998). *The development of logic in adulthood*. New York: Plenum Press.

Smith, J., P. B. Baltes (1990). «Wisdom-related knowledge: age/cohort differences in response to life-planning problems». *Developmental Psychology*, Mai; 26(3): 494–505.

Staudinger, U. M., J. Glück (2011). «Psychological wisdom research: commonalities and differences in a growing field». *Annu Rev Psychol, 62*: 215–241.

Sternberg, R. J., J. Jordan (Hg.) (2005). *A Handbook of Wisdom: Psychological Perspectives*. Cambridge: Cambridge University Press.

Kapitel 8

Baars, J. «Over levenskunst bij Seneca»: http://www.janbaars.nl/080315-lezing-hovo.php

Blazer, D. G., K. G. Meador (2010). «The role of spirituality in healthy aging». In: C. A. Depp, D. V. Jeste (Hg.). *Successful cognitive and emotional aging*. Washington: American Psychiatric Association.

Brassen, S., M. Gamer, C. Büchel (2011). «Anterior cingulate activation is related to a positivity bias and emotional stability in successful aging». *Biol Psychiatry*. 15. Juli; 70(2): 131–137.

Depp, C. A., A. Harmell, I. V. Vahia (2012). «Successful cognitive aging». *Current Topics in Behavioral Neuroscience*, 10: 35–50.

Diamond, M.: http://www.sharpbrains.com/blog/2007/11/05/marian-diamond-on-the-brain/

Farrell, M. J., F. Zamarripa, R. Shade, P. A. Phillips, M. McKinley, P. T. Fox, J. Blair-West, D. A. Denton, G. F. Egan (2008). «Effect of aging on regional cerebral blood flow responses associated with osmotic thirst and its satiation by water drinking: a pet study». *Proc Natl Acad Sci usa*. Jan. 8; 105(1): 382–387.

Gallucci, M., P. Antuono, F. Ongaro, P. L. Forloni, D. Albani, G. P. Amici, C. Regini (2009). «Physical activity, socialization and reading in the elderly over the age of seventy: what is the relation with cognitive decline? Evidence from ‹The Treviso Longeva (trelong) study›». *Arch Gerontol Geriatr*. Mai–Juni; 48(3): 284–286.

Geda, Y. E., H. M. Topazian, R. A. Lewis, R. O. Roberts, D. S. Knopman, V. S. Pankratz, T. J. Christianson, B. F. Boeve, E. G. Tangalos, R. J. Ivnik, R. C. Petersen (2011). «Engaging in cognitive activities, aging, and mild cognitive impairment: a population-based study». *J Neuropsychiatry Clin Neurosci.* Frühjahr; 23(2): 149–154.

Kahn, R. S. (2011). *De tien geboden voor het brein.* Amsterdam: Balans.

Kreijkamp-Kaspers, S., L. Kok, D. E. Grobbee, E. H. de Haan, A. Aleman, Y. T. van der Schouw (2007). «Dietary phytoestrogen intake and cognitive function in older women». *J Gerontol A Biol Sci Med Sci.* Mai; 62(5): 556–562.

Lee, B. K., T. A. Glass, B. D. James, K. Bandeen-Roche, B. S. Schwartz (2011). «Neighborhood psychosocial environment, apolipoprotein E genotype, and cognitive function in older adults». *Arch Gen Psychiatry.* März; 68(3): 314–321.

Li, T., H. H. Fung, D. M. Isaacowitz (2011). «The role of dispositional reappraisal in the age-related positivity effect». *J Gerontol B Psychol Sci Soc Sci.* Jan.; 66(1): 56–60.

Linker, D. / NOS. «Honderdjarige wielrenner pakt record». Website nos.nl, 28. Nov. 2011; Film YouTube: http://www.youtube.com/watch?v=EBjGOg-WuHKc

Nussbaum, P. (2010). *Save Your Brain: The 5 Things You Must Do to Keep Your Mind Young and Sharp.* New York: McGraw-Hill.

Rowe, J. W., R. L. Kahn. (1998). *Succesful Aging.* New York: Pantheon books.

Siegel, D. J. (2007). *The Mindful Brain.* New York: Norton.

Stern, C., Z. Munn (2010). «Cognitive leisure activities and their role in preventing dementia: a systematic review». *Int J Evid Based Healthc.* März; 8(1): 2–17.

Willcox, B. J., C. D. Willcox, M. Suzuki (2001). The Okinawa Way; How to Improve Your Health and Longevity Dramatically. London: Penguin books.

Bildnachweis

Abbildung 1, 7, 8: B. Curcic-Blake, basierend auf Salthouse et al. (2008).
Abbildung 2: Basierend auf Squire (2004). «Memory systems of the brain: a brief history and current perspective». *Neurobiol Learn Mem*, 82: 171–177.
Abbildung 3: B. Munstra, angefertigt für dieses Buch. Variante der komplexen Abbildung von Rey.
Abbildung 4: Aus Cragg & Nation (2007).
Abbildung 5, 18: A. Aleman, angefertigt für dieses Buch.
Abbildung 6: Abt. Neurowissenschaften, UMCG.
Abbildung 9, 11, 12, 13, 16, 19, 20: B. Munstra, angefertigt für dieses Buch.
Abbildung 10: Santiago Ramón y Cajal.
Abbildung 14: Aus Cabeza et al. (2004).
Abbildung 15: B. Munstra, angefertigt für dieses Buch, basierend auf Yankner et al. (2008).
Abbildung 17: Aus Shepard & Metzler (1971).

Register

Acetylcholin 99 f., 109, 119, 147, 155
Achtsamkeit siehe mindfulness
Aerobic 109 f.
Alzheimer 9, 63, 76 f, 94, 98–103, 105–109, 114–121, 143, 146 f., 153 f., 157, 168, 171, 200, 214
Amygdala 57–59, 127, 211 f.
Andropause 123, 133
Angevaren, Maaike 165 f.
Annan, Kofi 172 f.
Antigone 178
Aufmerksamkeit 16, 20, 56, 76, 87, 95, 99, 103, 112, 119, 129, 148, 167, 210–212
Arterienverkalkung 76
Augustinus 177 f.

Baars, Jan 210
Baltes, Paul 197
BDNF siehe *Brain-Derived Neurotrophic Factor*
Bewegung, körperliche 15, 108, 110, 121, 164, 169 f.
Bhagavad Gita 178
Bibel 177, 205, 209
Botenstoffe siehe Neurotransmitter
Brain-Derived Neurotrophic Factor, BDNF 168 f.

Cabeza, Roberto 84 f.
Cajal, Santiago Ramón y 68–71
Calment, Jeanne Louise 176
Canterbury 209
China 18, 149, 154 f.
Ciccolini, Aldo 18 f.
Cicero, Marcus Tullius 145
Coggan, Lord Donald 209

Cozolino, Louis 174, 193
Craik, Fergus 33

De Deyn, Peter 120
Deems, Gerrit 144
Demenz 10, 63, 91 f., 95, 97, 101 f., 105, 107 f., 115–118, 120 f., 124, 203
Dendriten 70
Denkgeschwindigkeit 36–46, 53, 80 f., 90, 95, 97, 133 f., 141, 151, 156, 158 f., 166
Depression, Depressivität 15, 49, 51, 54 f., 59–63, 67, 117, 127, 133, 150, 198, 209, 212 f.
Descartes, René 137 f,
Diamond, Marian 214 f.
Diät 73, 114
DNA 74, 76
Donepezil 146 f.
Dopamin 118, 148
Dr. Kawashimas Gehirnjogging 155 f.

Eiweißablagerungen 89, 101 f., 120 f.
Emotionen
 – umdeuten 56 f.
 – unterdrücken 56 f.
Stabilität 48–51, 59, 176, 213
Entscheidungen 12, 52, 54, 94, 174, 177, 179, 188, 191–194, 214
Erikson, Erik 48, 62
Exekutive Funktionen 32, 103, 113, 184

Fischöl 153
Flexibilität, flexibles Denken 13, 31, 34–36, 45, 65, 95, 97, 110, 113, 118, 134, 141, 180, 185, 192, 200, 212 f.

Folsäure 151 f., 204
Freud, Sigmund 196
Frontotemporale Demenz 116, 118
Fünfzehn-Wörter-Gedächtnis-Test 96

Gage, Phineas 185 f.
Galen 73
Gedächtnis
  Arbeitsgedächtnis 22, 24, 26–30, 41,
    44 f., 76, 78, 86 f., 90, 127, 148, 154,
    158, 180, 184, 189, 192
  deklaratives Gedächtnis 22 f.
  Langzeitgedächtnis 20, 22 f., 78, 90
  prozedurales Gedächtnis 22 f.
  verbales Gedächtnis 23 f., 26 f., 29,
    84, 117
  visuelles Gedächtnis 23 f., 26 f., 44,
    84
Gefühle siehe Emotionen
Gehirnhälfte 85–87, 89 f., 138, 159, 194
Geiger, Arno 120
Gemüse 28, 114, 202, 204
Gesundheitsrat 204
Ginkgo biloba 154 f.
Ginseng 155
Glutamat 109, 119, 147 f.
Goldberg, Elkohonon 186 f.
Golgi, Camillo 69
Graue Substanz 70 f., 77, 79–82, 98 f., 104,
  151, 153, 167, 213
Groningen 10, 38, 75, 120, 163, 211
Gullete, Margaret 106 f.

Haan, Edward de 128
Halluzinationen 117
Herzinfarkt 152, 165
Hippocampus 77–79, 82, 89 f., 98 f., 101,
  103 f., 118, 120 f., 126 f., 155, 167–169
Hirnblutung 63, 116, 118, 152, 165, 201
Histamin 148
Honk, Jack van 133

Ich-Integrität 48
Insulin 72–74, 122, 140, 146
Intelligenz 41, 44 f., 179, 186, 214

Jeste, Dilip 176, 186
Jesus Christus 209
Jesus Sirach 149

Kahn, René 148
Kalorien 73, 203
Kibaki, Mwai Emilio Stanley 173
Körperliche Bewegung 15, 46, 102, 104,
  108–110, 114, 119–121, 164–170,
  196, 203, 206, 214 f.
Koppeschaar, Hans 140
Kognitives Training siehe Mentales
  Training
Kompensation 85 f., 88 f.
Konfuzius 178 f.
Konzentration 12 f., 36, 44 f., 63, 70, 81, 85,
  88, 92, 95, 97, 99, 101, 109, 111 f.,
  116, 122, 124, 128, 130 f., 135 f., 138,
  142 f., 146–148, 150, 153, 155–157,
  166, 169 f., 175 f., 180, 199 f., 207, 213

Langer, Ellen 17
Lebenskunst 208, 210
Leichte kognitive Beeinträchtigung siehe
  mild cognitive impairment
Liebe 174, 176, 178, 214 f.
Life, Dr. Jeffrey 136 f.
Lignane 204
LKB 92; siehe auch MCI

Magnetresonanzspektroskopie MRS 99
Makrele 152
Marchand, Robert 195 f., 198, 206
Mayo-Klinik 114
MCI 92–101, 104–109, 111 f., 114, 116,
  121, 148
Memantin 146–148
Menopause 122–124, 127, 130
Mentale Flexibilität 34–36, 45, 97, 141,
  192, 212
Mentale Geschwindigkeit siehe
  Denkgeschwindigkeit
Mentale Reserve 44 f., 88–90
Mentales Training 111
mild cognitive impairment 92; siehe auch
  MCI
mindfulness 208, 210–212, 216
Mini Mental State Examination, MMSE
  116 f.
MMSE siehe Mini Mental State
  Examination
Modafinil 146, 148
Monchi, Oury 189

MRS siehe Magnetresonanzspektroskopie
Muller, Majon 133
Myelin 70, 72, 80

Narkoleptiker 148
Neurogenese 82 f., 89 f.
Neuronen 62, 68–72, 74, 76, 82, 89–101, 109, 118, 126, 147, 152, 168 f., 196, 203, 213
Neuropsychologische Tests 76, 80, 95, 103 f., 117, 128 f., 131, 133 f., 136, 138, 142, 152, 158 f., 162, 166, 186, 214
Neurotransmitter 69, 71, 100, 109, 118 f., 126
Nintendo 155 f.

Obst 114, 203 f.
Odinga, Raila Amollo 172 f.
Östrogene 125–129, 143
Okinawa 73, 201–203, 216
Omega-3-Fettsäuren 114, 145, 150–153, 171, 204
Organisieren 32, 78, 90, 207

Phytoöstrogene 127–130, 204
Parkinson 116, 118
Partridge, Linda 145 f.
PASA, *Posterior-Anterior Shift In Aging* 84 f., 89
Persönlichkeit 49, 185
Piaget, Jean 179–181
Placebo 128–130, 133, 135, 147–149, 151, 171
Planen 32–34, 78, 90, 94 f., 117 f., 129, 158, 185
Plaques 100 f., 118
Postformales Denken 180–182
Powell, Douglas 178
Präfrontaler Cortex 30, 50, 58 f., 98, 113, 117 f., 127, 159, 185–189, 211–213

Reagan, Ronald 115, 119
Reservekapazität 88–90
Resnick, Susan 79
Ridderinkhof, Richard 161
Rückenmarksflüssigkeit 103

Schädigungen der weißen Substanz 80, 213
Scherder, Erik 170
Schildkröte 189
Schouw, Yvonne van der 128
Schrumpfen von Hirnzellen 12, 175
Seneca 210 f.
Seniorenakademie 163
Serotonin 127, 147
Soziale Beziehungen/Kontakte 57, 61, 63–67, 79, 108, 110, 113, 197 f., 200, 205, 209, 215
Soziale Kompetenz 65–67
Sophokles 178
Spiritualität 202, 208–210, 214, 216
Sport treiben siehe Körperliche Bewegung
Stabilität, emotionale 48 f., 51, 59, 176, 213
Strauch, Barbara 91 f.
Sudoku 145, 158

Tai-Chi 169–171, 206
Tangles 100 f., 118
Tao te king 178
Testosteron 122, 131–137, 142
Trail Making Test 34 f.

Vergreisung 11, 115
Verzweiflung 48, 62
Vitamin B12 150–152, 171, 204
Vitaminpräparate 145
Vorurteile 14

Wachstumsfaktor 83, 110, 139 f., 166, 168
Wachstumshormon 10, 122, 137–143, 168 f.
Wahnvorstellungen 117
Wasser 180, 196, 204, 216
Wechseljahre 122–128, 130, 143
Weisheit 52, 64 f., 149, 173–179, 182, 184, 186–188, 193, 214 f.
Westendorp, Rudi 113 f.
Weiße Substanz 70, 77, 79–90, 99, 167, 193, 213
Willcox, Bradley 201 f.
Willcox, Craig 201 f.
World Records Academy 195